Die elektrischen Einrichtungen für den Eigenbedarf großer Kraftwerke

Von

Friedrich Titze

Oberingenieur

Mit 89 Textabbildungen

Berlin

Verlag von Julius Springer

1927

ISBN-13: 978-3-642-90471-4   e-ISBN-13: 978-3-642-92328-9
DOI: 10.1007/978-3-642-92328-9

Vorwort.

Die großen Fortschritte im Kraftwerksbau, die in den letzten Jahren hauptsächlich hinsichtlich des dampftechnischen Teiles gemacht wurden und letzten Endes die Verminderung des Wärmeverbrauches zum Ziel haben, verlieren für die Betriebsführung der Kraftwerke zum großen Teil ihren Wert, wenn neben den Ersparnissen an Wärmeeinheiten nicht auch eine ausreichende Zuverlässigkeit des Betriebes erzielt wird. Für die Betriebsbereitschaft und Betriebssicherheit eines Kraftwerkes ist ein störungsfreies Arbeiten seines ausgedehnten Hausbetriebes von größter Bedeutung.

Mit der Steigerung der Dampfdrücke und Temperaturen ist die Verwendung der Dampfturbine als Hilfsturbine für wichtige Eigenbedarfsantriebe kleinerer Leistung in letzter Zeit zugunsten des elektrischen Antriebes etwas in den Hintergrund getreten. Es ist daher um so mehr angebracht, die Aufmerksamkeit der projektierenden Ingenieure auf eine zweckmäßige Anordnung und Schaltung des elektrischen Teiles der Hausversorgung zu lenken. Die Wärmewirtschaft in unseren modernen Kraftwerken kann gegenüber dem bisher Erreichten nur noch schwer verbessert werden, wohl läßt sich aber durch entsprechende Einrichtung der Hausanlage mit verhältnismäßig einfachen und billigen Mitteln eine merkbare Verbilligung der Dampfkosten und eine Erhöhung der Betriebsbereitschaft des Werkes erreichen.

Meines Wissens wird mit dem vorliegenden Büchlein, welches sein Entstehen einer Anregung der Verlagsbuchhandlung verdankt, der erste Versuch unternommen, das ganze Gebiet der Hausversorgung großer Dampf- und Wasserkraftwerke in zusammenfassender Form zu behandeln. Bei der Bearbeitung des Stoffes habe ich mir hauptsächlich die Aufgabe gestellt, alle die Gesichtspunkte zu erörtern, die bei der Planung der Stromversorgung der Hausanlage und Auswahl der Antriebsmotoren für die verschiedenen maschinellen Einrichtungen zu beachten sind. Da das Buch in erster Linie für den projektierenden Ingenieur und den Betriebsmann bestimmt ist, wurde ganz besonderer Wert auf die praktische Anwendbarkeit des behandelten Stoffes gelegt und die einzelnen Fragen und Beispiele so gewählt, wie sie sich einem in der Praxis stehenden Ingenieur bieten.

Um dem Elektroingenieur ein besseres Bild für die Aufgaben, die an die motorischen Antriebe der verschiedenen Einrichtungen gestellt werden, zu schaffen, ist die Arbeitsweise der wichtigsten mechanischen Einrichtungen kurz beschrieben. Die gedrängte Zusammenfassung der Eigenschaften der für die Hausanlage hauptsächlich in Frage kommenden Elektromotoren soll das Buch aber auch für Maschineningenieure und Lieferanten der maschinellen Einrichtungen zu einer bequemen Nachschlagequelle machen.

Wenn der Leser an manchen Stellen den Eindruck hat, als ob der Sicherstellung des elektrischen Teiles der Hausanlage zu sehr das Wort geredet wird, so möge er sich vor Augen halten, daß für Kraftwerke die Forderung unbedingter Betriebssicherheit immer an erster, die der Wirtschaftlichkeit bei aller ihr zukommenden Wichtigkeit aber an zweiter Stelle stehen muß.

Trotzdem eine möglichst umfassende und die neueste Entwicklung berücksichtigende Behandlung des Stoffes angestrebt wurde, war bei der Verschiedenartigkeit der Kraftwerke und der verwendeten Einrichtungen eine restlose Erfassung des Themas und eine Beschreibung aller auf dem Markt befindlichen Motoren und Einrichtungen doch nicht möglich.

Wird durch dieses Buch erreicht, daß der Ausstattung der Hausanlagen großer Dampf- und Wasserkraftwerke im Interesse deren Betriebssicherheit mehr Aufmerksamkeit geschenkt wird, als es bisher oft der Fall war, so ist der Zweck dieser Arbeit als erfüllt anzusehen.

Für den Betrieb großer Kraftwerke mit Kohlenstaubfeuerung liegen namentlich hinsichtlich der Zündungsmöglichkeit des Staubes durch die elektrischen Einrichtungen noch verhältnismäßig wenig Betriebserfahrungen vor. Ich habe daher, in der Absicht, einen Gedanken- und Erfahrungsaustausch anzuregen, dem Abschnitt „Motoren für Kohlenstaubanlagen" mehr Platz eingeräumt, als es der Titel dieses Buches vermuten läßt.

Berlin-Siemensstadt, im März 1927.

Friedrich Titze.

Inhaltsverzeichnis.

I. Erregung der Hauptgeneratoren.

a) Dampfkraftwerke.

Im allgemeinen hat sich bei Überland- und städtischen Kraftwerken die direkte Kupplung der Erregermaschinen mit den Hauptmaschinensätzen als zweckmäßig erwiesen. Die direkte Kupplung gibt eine einfache und übersichtliche Erregerschaltung und gewährleistet vor allen Dingen die größte Betriebsbereitschaft des Hauptmaschinensatzes, da dessen Erregung von jeder fremden Energie oder Stromquelle vollkommen unabhängig ist. Der Maschinensatz kann, ohne daß besondere Nebenschaltungen in der Erregung notwendig sind und ohne Rücksicht auf den Betriebszustand und die Schaltung der übrigen Maschinen, für sich allein in Betrieb genommen und erregt werden.

Viele Werke schaffen durch Aufstellung eines Reserveerregersatzes eine für alle Hauptgeneratoren gemeinsame Erregerreserve. Dieser Reserveerregersatz wird gewöhnlich für die volle Erregerleistung eines Hauptgenerators bemessen und bedingt eine das ganze Kraftwerk durchlaufende Verbindungsleitung und für jede Erregermaschine entsprechende Umschaltapparate.

Mit der wachsenden Größe der Hauptmaschinen nehmen aber diese Erregerumschalter und Verbindungsleitungen solche Dimensionen an, daß viele Werke, auf Grund ihrer eigenen längeren Betriebsbeobachtungen, bei Neubauten oder Erweiterungen auf die Erregerreserve oft verzichten. Tatsächlich rechtfertigen die Betriebserfahrungen in vielen Fällen nicht die hohen Anschaffungskosten einer solchen gemeinsamen Erregerreserve.

Bei näherem Studium der Erregermaschinendefekte konnte festgestellt werden, daß Störungen an direkt gekuppelten Erregermaschinen hauptsächlich bei schnellaufenden Maschinen (Turbogeneratoren) auftraten. Es handelte sich zum weitaus größten Teil um mechanische Störungen am Kommutator und an den Bürsten, die ihre Ursache im unruhigen Lauf des Hauptmaschinensatzes, seltener in der Erregermaschine selbst, hatten. Durch heftige Vibrationen können sich unter Umständen die Lamellen und Befestigungsteile des Kommutators lockern, die Lamellenisolation tritt dann nach außen über die Kollektorfläche, die Bürsten werden dadurch abgehoben, und die bekannten Kommutierungsschwierigkeiten sind die Folge. Auch die Bürstenbesetzung ist für die Betriebssicherheit der Erregermaschinen äußerst wichtig, da bei manchen Bürstensorten, die zur Staubbildung neigen, Überbrückungen infolge der Leitfähigkeit des Staubes möglich sind.

Der ruhige Lauf eines Turbosatzes ist hauptsächlich auch von einer sachgemäßen Betriebsführung abhängig. Die Betriebserfahrungen mit Turbogeneratoren zeigen, daß an Maschinensätzen, die nach der Inbetriebsetzung oft lange Zeit vollkommen einwandfrei liefen, manchmal plötzliche Vibrationserscheinungen auftreten. Die Ursache für den unruhigen Lauf kann durch nicht vorschriftsmäßiges, zu schnelles Anlassen der Turbine oder durch Wasserschläge gegeben sein, aber auch in der Lagerung, im Fundament oder im Rotor des Generators liegen. In den meisten Fällen

Abb. 1. Reserve-Erregerumformer im Kraftwerk Fortuna II des Rhein. E. W. im Braunkohlenrevier A. G. Köln.

ist es dann zur Feststellung der Ursache und Behebung des unruhigen Laufes notwendig, den Turbosatz außer Betrieb zu nehmen. Da zu rasches Anlassen der Hauptmaschinen auch zu schweren Störungen an den Turbinen führen kann, haben viele Kraftwerke den Maschinenwärtern den zeitlichen Verlauf des ganzen Anlaßvorganges in besonderen Anlaufkurven vorgeschrieben.

Da die Schadenstatistiken zeigen, daß elektrische Störungen an Erregermaschinen, wenn sie mit den richtigen Bürsten besetzt sind und nicht unzulässig überlastet werden, zu den größten Seltenheiten gehören, wird ein Reserveerregersatz, sofern für einwandfreien Lauf des ganzen Turbosatzes gesorgt wird, tatsächlich nur in den seltensten Fällen gebraucht werden.

Entschließt sich aber ein Dampfkraftwerk zur Aufstellung eines Reserveerregersatzes, so ist es zweckmäßig, diese Reserve, welche bei guter Wartung der Hauptmaschinen jahrelang betriebslos bleiben kann, auch besser auszunützen. Abb. 1 zeigt einen solchen Erregerumformer, welcher eine vierfache Aufgabe zu erfüllen hat:

1. Reserve für die Erregung der Hauptmaschinensätze.
2. Reserve für das Ladeaggregat der Batterie.
3. Eine volle Reserve für die Betätigungsbatterie, also Reserve für die Versorgung der elektrischen Fernantriebe der Ölschalter und einiger mit Gleichstrom betriebener Hilfseinrichtungen des Kraftwerkes.
4. Als Stromquelle für das Fremderregen eines Hauptgenerators, falls derselbe z. B. zum Ausbrennen eines Kabelfehlers von Null auf langsam und besonders feinstufig erregt werden soll.

Der Gleichstromdynamo dieses Reserveumformers muß eine abschaltbare Kompoundwicklung erhalten (bei Erreger- und Ladebetrieb ist dieselbe abgeschaltet), damit die Spannung der Dynamo auch bei der stoßweisen Belastung durch die Ölschalterantriebe nicht abfällt.

b) Wasserkraftwerke.

Wenn man von Kraftwerken, deren Belastungscharakter eine besondere Schaltung der Erregung bzw. Spannungsregulierung verlangt, absieht, wird auch bei Wasserkraftwerken im allgemeinen der direkt gekuppelten Erregermaschine der Vorzug gegeben.

In Anlagen mit langsam laufenden, besonders großen vertikalen Generatoren werden die Erregermaschinen oft nicht aufgebaut, sondern es wird jedem Generator ein rasch laufender Erregerumformersatz beigegeben. Bei solchen großen Generatoren ist die Drehzahl der aufgebauten Erregermaschine im Verhältnis zu ihrer Leistung sehr klein, so daß die Erregermaschine verhältnismäßig groß und teuer wird. Gewöhnlich wird bei vertikalen Großgeneratoren auf dem oberen Armkreuz auch das Traglager angeordnet, welches das Gesamtgewicht des Rotors einschließlich Turbinenrad und Wasserdruck aufzunehmen hat. Wenn man über dieses Traglager nun noch die Erregermaschine aufbaut, so kann die Demontage des Generators erschwert und unter Umständen auch die Zugänglichkeit für das Traglager etwas verbaut werden. Es kann daher aus rein praktischen und konstruktiven Gründen angezeigt sein, bei großen Wasserkraftgeneratoren auf direkt gekuppelte Erregermaschinen zu verzichten. Auch das äußere Bild der Maschine kann für die getrennte Erregung maßgebend sein, wenn sich durch direkt aufgebaute Erregermaschinen ein zu hoher, turmartiger Aufbau ergibt, der den Gesamteindruck des Maschinenhauses ungünstig beeinflussen würde.

Werden für die Erregung besondere Erregerumformer gewählt, so muß die Stromversorgung der Antriebsmotoren dieser Erregerumformer auch bei vollkommener Stromlosigkeit des Kraftwerkes sichergestellt bleiben, denn die Erregerumformer können erst in Betrieb genommen werden, wenn Drehstrom für die Antriebsmotoren vorhanden ist. Werden die Motoren an die durch Haustransformatoren von der Hauptanlage gespeiste Eigenbedarfsverteilung angeschlossen, so steht bei vollkommener Stromlosigkeit des Kraftwerkes, mit welcher als ungünstigen Betriebsfall gerechnet werden muß, keine Erregerenergie zur Verfügung, um wieder in Betrieb gehen zu können.

Auf die Akkumulatorenbatterie soll man sich nicht verlassen, ganz abgesehen davon, daß die Betätigungsbatterie in Wasserkraftwerken gewöhnlich sehr klein ist und für die in Frage kommende große Erregerleistung nicht ausreicht. Bei allen Erregerschaltungen, bei welchen die Erregermaschinen durch Drehstrommotoren angetrieben werden, muß daher die Erregung entweder durch eine Gleichstrommaschine mit Turbinenantrieb oder durch eine besondere Hausturbine, die Drehstrom für einen der Antriebsmotoren der Erregerumformer liefern kann, sichergestellt werden.

Durch diese Maßnahmen wird zwar das Anlassen der Hauptmaschinen sichergestellt, nicht aber der Betrieb. Stehen die Erregerumformer über die Haustransformatoren mit der Hauptanlage in Verbindung, so werden sich die mit Spannungsabsenkung verbundenen Störungen in der Hauptanlage auch auf die Hausanlage übertragen, was unter Umständen zum Stehenbleiben der Umformer und damit zum Ausfall des ganzen Kraftwerkes führen kann (s. Abschnitt IIa). Um die Erregung der Generatoren von den Betriebsstörungen der Hauptanlage unabhängig zu machen und vollkommen sicherzustellen, müssen die Erregerumformer vom Betrieb der Hauptanlage getrennt werden und den Strom aus besonderen Hausgeneratoren beziehen. Diese Hausgeneratoren können dann gleichzeitig auch Strom für die Anlaßorgane der Turbinen liefern (s. Abschnitt IX).

Teilweise werden auch die an- oder aufgebauten Erregermaschinen der einzelnen Hauptgeneratoren größer gewählt und jede Erregermaschine zur Versorgung mehrerer Generatoren vorgesehen, während die Erregermaschinen der anderen Generatoren den Hausbedarf der Zentrale decken. Diese Erregerschaltung und die sog. Zentralerregung, bei welcher die Erregerwicklungen sämtlicher Generatoren von einer gemeinsamen Gleichstromquelle aus gespeist werden, haben den großen Nachteil, daß die Hauptgeneratoren mit sehr teuren und unwirtschaftlich arbeitenden Hauptstrom- (Magnet-) Reglern versehen werden müssen. Solche Hauptstromregler nehmen bei großen Maschinen solche Dimensionen an, daß die Unterbringung oft Schwierigkeiten macht (s. Abb. 2). Im allgemeinen sollte man auch davon absehen, an die Erregermaschinen der einzelnen Generatoren z. B. noch Teile der Hausanlage anzuschließen, da der Sicherheitsgrad der Erregung durch Störungen in den Hausverteilungen unnötig herabgesetzt wird.

In vielen Wasserkraftwerken, in denen Generatoren mit direkt gekuppelten Erregern laufen, ist auch noch eine, für alle Generatoren gemeinsame Reserveerregermaschine vorhanden, die durch Wasserturbine oder Motor angetrieben wird. Wenn in einem Dampfkraftwerk mit Turbogeneratoren die Schaffung einer Reserveerregung vertretbar ist, dürfte eine solche Reserve in einem Wasserkraftwerk mit langsam laufenden Generatoren als unnötige Vorsicht anzusehen sein. Langsam laufende Erregermaschinen sind vollkommen betriebssicher, elektrisch unempfindlich und Störungen bzw. Beanspruchungen durch Überstrom und Überspannungen viel weniger ausgesetzt als die Hauptmaschinen. Bei ordnungsgemäßer Wartung sind solche langsam laufenden Erregermaschinen äußerst zuverlässig.

Auch in Wasserkraftwerken, in denen für die Erregung der Generatoren raschlaufende Erregerumformer vorgesehen wurden, kann auf eine besondere Reserveerregung verzichtet werden, wenn die Motoren der Umformer durch Drehstromhausgeneratoren gespeist werden. Die Erregerumformer werden auch bei den größten Wasserkraftgeneratoren aus kleineren Maschinen bestehen, die von der Industrie listenmäßig geführt werden und mechanisch und elektrisch als durchaus betriebssicher anzusehen sind. Werden solche Maschinen vorschriftsmäßig gewartet, so werden Defekte an den Erregerumformern zu den größten Seltenheiten gehören. Außerdem steht in Wasserkraftwerken in den meisten Fällen ein kompletter Hauptmaschinensatz in Reserve, der bei einer Störung der Erregermaschine eines in Betrieb befindlichen Generators in kürzester Zeit in Gang gesetzt werden kann.

In Wasserkraftwerken sollte man sich damit begnügen, für die Erregermaschinen, ebenso wie für alle anderen Maschinen des Werkes eine billigere Reserve dadurch zu schaffen, daß man ausreichende Ersatzteile auf Lager hält; für die Erregermaschinen z. B. mehrere Bürstensätze, einen Kollektor und in besonderen Fällen auch einen ganzen Anker.

c) Spannungsregulierung.

Es soll hier die Frage der Spannungsregulierung der Generatoren eines Kraftwerkes nur soweit behandelt werden, als es notwendig ist, darauf hinzuweisen, daß für die Wahl der Erregerschaltung auch die Spannungsregulierung mit ausschlaggebend ist. Die Schaltung der Erregung eines Kraftwerkes kann nicht festgelegt werden, ohne daß gleichzeitig die Frage der für das betreffende Kraftwerk notwendigen Spannungsregulierung, die sowohl von den Belastungsverhältnissen des Kraftwerkes als auch von den gewählten Maschinentypen abhängig ist, untersucht wird.

Die Spannungsregulierung kann entweder durch Änderung des magnetischen Kraftflusses der Erregermaschine durch einen Neben-

schlußregler oder durch direkte Änderung des von einer Erregermaschine gelieferten Erregerstromes durch einen Magnet- oder Hauptstromregler erfolgen. Trotzdem die Regulierung durch Nebenschlußregler den Nachteil hat, daß zunächst der magnetische Kraftfluß der
Erregermaschine und dadurch erst der Kraftfluß des Generators beein-

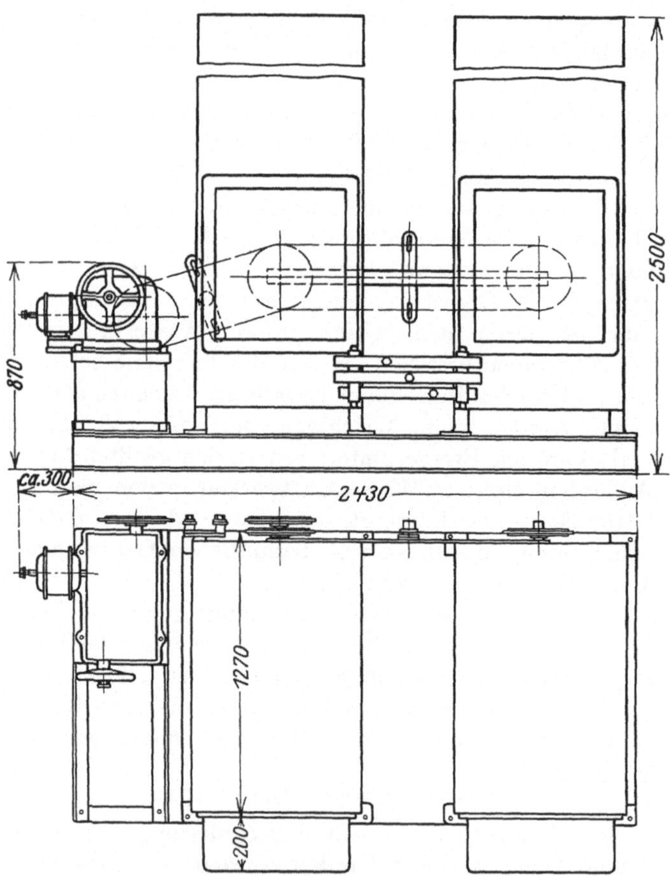

Abb. 2. Magnetregler für einen 30 000 KW-Generator.
Gewicht: ca. 2000 kg.

flußt wird, also die Änderungen zweier magnetischer Kreise zeitlich
hintereinander geschaltet sind, hat sich die Regelung im Nebenschluß-
kreis der direkt gekuppelten Erregermaschinen für die Generatoren
großer Kraftwerke als vollkommen ausreichend erwiesen. Bei direkter
Kupplung der Erregermaschine sind die Apparate für die Spannungsregulierung sehr billig, da der Nebenschlußregler nur für die geringe
Selbsterregung der Erregermaschine zu bemessen ist.

Bei vielen anderen Erregerschaltungen, wie z. B. auch bei der Zentralerregung, muß jeder Generator mit einem teueren und energieverzehrenden Hauptstromregler ausgerüstet werden, welcher den Wirkungsgrad des Maschinensatzes um die Regulierverluste, die bei großen Generatoren 0,1—0,2 vH ausmachen können, verschlechtert.

Über das Größenverhältnis eines Hauptstrom- und Nebenschlußreglers geben die Abb. 2 und 3 Aufschluß. Abb. 2 zeigt einen Magnetregler für einen Drehstromgenerator von 30000 kW und Abb. 3 einen Nebenschlußregler für die Erregermaschine desselben Generators.

Werden bei der Wahl der Erregerschaltung auch Preisvergleiche angestellt, so müssen die Anschaffungskosten der für die verschiedenen Schaltungen notwendigen Regulierapparate und die Anlagekosten für Hausturbinen mit berücksichtigt werden. In den weitaus meisten Fällen wird dann,

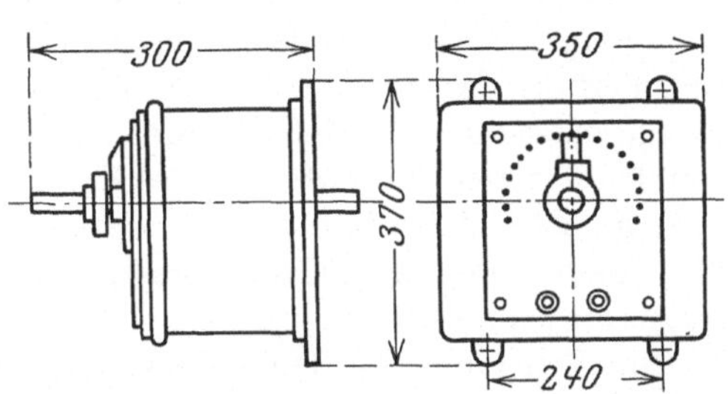

Abb. 3. Nebenschlußregler für die Erregermaschine eines 30000 KW-Generators. Gewicht: ca. 30 kg.

hauptsächlich wegen der größeren Betriebsbereitschaft eines Generators mit direkt gekuppelter Erregermaschine, der letzteren der Vorzug gegeben werden. Mit Rücksicht auf die Wichtigkeit der Erregung für den Betrieb des ganzen Kraftwerkes sollte man für die Erregung immer die sicherste Anordnung wählen und die Anschaffungskosten erst in zweiter Linie berücksichtigen.

Bei den hohen Anforderungen, welche in Kraftwerken an die Regelfähigkeit der Generatoren gestellt werden, wird man nur in den seltensten Fällen mit einer Handregulierung auskommen. Die großen Streuspannungen moderner großer Generatoren, die sich aus der Forderung geringer Kurzschlußströme zwangläufig ergeben, haben zur Folge, daß die Klemmenspannung der Maschinen sich bei Veränderung der Belastung in erheblichem Maße ändert; es ist daher in den meisten Fällen der Einbau selbsttätiger Spannungsregelvorrichtungen notwendig.

Die von den verschiedenen Firmen in den Handel gebrachten selbsttätigen Spannungsregler beeinflussen zum größten Teil den Kraftfluß der mit den Generatoren direkt gekuppelten Erregermaschinen oder steuern, falls Magnetregler vorgesehen wurden, mittels Verstellmotoren die Kontaktbürsten der Magnetregler. Die Regelgeschwindigkeit eines selbsttätig gesteuerten Magnetreglers wird natürlich derjenigen der anderen Systeme nachstehen. Welche Art der selbsttätigen Spannungsregelung gewählt werden soll, ist von der Art des Kraftwerkes und den gewählten Maschinentypen abhängig und muß von Fall zu Fall überlegt werden.

Bei großen Überlandwerken mit ausgedehnten Verteilungsnetzen können die Generatoren des Kraftwerkes kapazitiv sehr stark belastet werden, besonders dann, wenn z. B. nachts bei schlechter Belastung nur wenige Generatoren laufen. Wird die kapazitive Blindleistung hoch, so muß der Erregerstrom der Generatoren sehr weit herabgeregelt werden, so daß mit der normalen Erregeranordnung unter Umständen ein genügend stabiler Betrieb in Frage gestellt ist. Ganz abgesehen davon, daß solchen Verhältnissen auch in der Ausführung der Generatoren Rechnung getragen werden muß, kann die erforderliche weitgehende Regulierung des Erregerstromes nur durch eine Fremderregung der Erregermaschinen erreicht werden. Um die Erregung des Generators von den übrigen Einrichtungen des Kraftwerkes unabhängig zu machen, wird manchmal auch die Fremderregung der Erregermaschine durch eine kleine, mit dem Hauptmaschinensatz direkt gekuppelte Hilfserregermaschine vorgenommen.

Zur Erregung von Drehstromgeneratoren, die wegen auftretender kapazitiver Belastung eine weitgehende Regelung ihres Rotorstromes erfordern, eignet sich besonders auch die Ossanna-Maschine. Die Erregermaschine nach dem System Ossanna ist ein selbsterregter Gleichstromgenerator, dessen Spannung in weiten Grenzen stabil regelbar ist. Die Spannung kann ohne Verwendung einer Fremderregungsquelle von einem positiven Höchstwert vollkommen stabil bis zu einem verlangten positiven Kleinstwert, bis zu Null, oder bis zu einem verlangten negativen Wert geregelt werden. Die Maschine ist daher in der Lage, eine Gegenerregerspannung zu erzeugen, womit der remanente Magnetismus des Wechselstromgenerators vollständig vernichtet und die Maschine vollkommen spannungslos gemacht werden kann. Die Spannungsregelung erfolgt in jedem gewünschten Bereich durch einen im Nebenschluß liegenden Spezialregler, ohne daß eine fremde Hilfsstromquelle erforderlich wird.

II. Versorgung des Drehstrom-Eigenbedarfes durch Haustransformatoren.

a) Abhängigkeit der Eigenbedarfsanlage vom Hauptbetrieb.

Die weitaus meisten Elektrizitätswerke versorgen ihre Eigenbedarfsanlagen durch sog. Haustransformatoren, die an die Hauptsammelschienen angeschlossen werden. Durch den hohen Wirkungsgrad der Hauptmaschinensätze werden bei dieser Anordnung die Erzeugungskosten der jährlich für die motorischen Antriebe in den Eigenbedarfsanlagen verbrauchten kWst niedrig sein.

Mit der zunehmenden Vergrößerung der Kraftwerke und der Erweiterung ihres Versorgungsgebietes wächst auch die Wahrscheinlichkeit von Störungen und Fehlschaltungen in den Kraftverteilungsanlagen. Diese Störungen führen je nach Art und Lage der Kurzschlußstelle zum Kraftwerk zu einer mehr oder weniger hohen und vorübergehenden Absenkung der Zentralenspannung. Bei einem ungedämpften Kurzschluß in der Schaltanlage oder in der Nähe des Kraftwerkes sinkt die Spannung an den Sammelschienen annähernd auf Null. Erst nachdem der Kurzschluß durch die Ölschalter abgeschaltet ist, steigt die Spannung wieder an und nähert sich langsam dem normalen Wert. Dieser Spannungsrückgang in der Hauptanlage überträgt sich natürlich durch die Haustransformatoren auch auf die Eigenbedarfsanlage des Werkes.

Die durch Kurzschlüsse im Kraftwerk oder Netz eingeleiteten Spannungsabsenkungen sind, abhängig von der Lage der Kurzschlußstelle und Art des Kurzschlusses, verschieden; am gefährlichsten für die Antriebsmotoren ist natürlich der dreipolige Kurzschluß. In Freileitungsnetzen sind dreipolige Kurzschlüsse selten, die gewöhnliche Störung ist dort neben dem Erdschluß der zweipolige Kurzschluß zwischen Leiter und Leiter, während in Kabelnetzen die meisten Kurzschlüsse gewöhnlich zu dreipoligen werden.

Das Drehmoment der Asynchronmotoren, die im Eigenbedarf ja fast durchweg als Antriebsmotoren verwendet werden, geht quadratisch mit der Spannung zurück, vorausgesetzt, daß die Periodenzahl der Kraftquelle konstant bleibt, was praktisch auch zutrifft. Erhält daher ein Asynchronmotor infolge einer Spannungsabsenkung in allen drei Phasen z. B. nur etwa 65—70 vH der Nennspannung zugeführt, so wird der Motor, wenn voll belastet, in wenigen Sekunden durch seine Last festgebremst oder auch wegen der höheren Stromaufnahme durch seinen Überstromschalter abgeschaltet.

Auch bei zweipoligem Kurzschluß ist ein Stillstand vollbelasteter, namentlich aber überbelasteter Motoren in der Hausanlage zu erwarten und davon abhängig, ob das Drehmoment des teilweise als Einphasenmotor laufenden Motors das Bremsmoment noch überwiegt. Beim Zurückgehen oder Ausbleiben der Spannung einer Phase nimmt der Ständer des Motors auch einen höheren Strom auf, so daß der eine oder andere Motor unter Umständen auch durch den Überstromschalter vom Netz getrennt werden kann.

Da im Kraftwerksbetrieb im allgemeinen noch mit zu langen Auslösezeiten der Ölschalter in der Hauptanlage gearbeitet wird, vergehen oft viele Sekunden, bis der kranke Teil bzw. die Kurzschlußstelle abgeschaltet wird. Das Schwungmoment der Motoren und der angetriebenen maschinellen Einrichtungen ist so klein, daß die bewegten Massen nicht zur Deckung der erforderlichen Leistung bis zur Wiederkehr der Spannung genügen. Bei Kurzschlußstörungen in der Hauptanlage wird vielleicht der eine oder andere teilbelastete Motor durchlaufen, vollbelastete Motoren werden aber bei schweren Kurzschlüssen oder Fehlschaltungen sicher stehenbleiben. Trifft das z. B. betriebswichtige Motoren der Eigenbedarfsversorgung, so führt eine unter Umständen nur kurz vorübergehende Spannungsstörung zu einer Beunruhigung oder auch zu einer schweren Störung des Betriebes.

Würden die Ölschalter in den ausgehenden Speiseleitungen des Kraftwerkes auf kürzere Auslösezeiten, z. B. nur auf 2—3 Sekunden, eingestellt sein, so würden auch die Rückwirkungen auf das Eigenbedarfsnetz geringeren Umfang annehmen. Die Höhe der Auslösezeiten ist aber durch die in der Hauptanlage und im Verteilungsnetz verwendeten Relais bzw. Überstrom- und Fehlerstromschutzsysteme gegeben und mit der fortgeschrittenen Entwicklung auf diesem Gebiete werden in Zukunft auch die Auslösezeiten ganz bedeutend herabgesetzt und dadurch auch die Rückwirkungen auf den Hausbetrieb eingeschränkt werden können. Wenn sich auch die obenerwähnten Störungen der Hauptanlage in Kraftwerken mit Haustransformatoren in der Eigenbedarfsanlage durch die dazwischen liegenden Transformatoren und Leitungen etwas gedämpfter bemerkbar machen, so werden die meisten Kraftwerke bei Durchsicht ihrer Störungsstatistiken doch viele Störungen des Hausbetriebes durch Vorgänge in der Hauptanlage feststellen können.

In einem Kraftwerk, dessen Eigenbedarfsanlage von einer besonderen, von der Hauptanlage unabhängigen Stromquelle versorgt wird, sind durch äußere Einflüsse eingeleitete Störungen des Hausbetriebes unmöglich. Da besondere Hausturbinen dem ganzen Kraftwerksbetrieb auch sonst noch große Vorteile bringen, werden in modernen Kraftwerken mehr als bisher Hausturbinen aufgestellt. (Näheres s. Abschnitt V und IX.)

b) Kurzschlußbeanspruchung und Überstromschutz der Eigenbedarfsanlage.

Bei Versorgung der Eigenbedarfsanlage durch Haustransformatoren ist zu beachten, daß die Apparate der Eigenanlage wegen ihrer unmittelbaren Nähe zum Kraftwerk den auftretenden Kurzschlußbeanspruchungen gewachsen sein müssen. Bei der geringen Nennstromstärke vieler Eigenbedarfsanschlüsse müssen den Haustransformatoren in den meisten Fällen Strombegrenzungsdrosselspulen zur Vergrößerung der Reaktanz des Abzweiges vorgeschaltet werden. Abb. 4 zeigt die bekannte Konstruktion solcher Kurzschlußdrosselspulen in verschiedenen Ausführungen und Abb. 5 eine Ausführung für kleinere Ströme, die sich wegen ihres geringen Platzbedarfes besonders für Anlagen mit knappen Räumen eignet. Die Spulen nach Abb. 4 werden oft auch übereinander angeordnet.

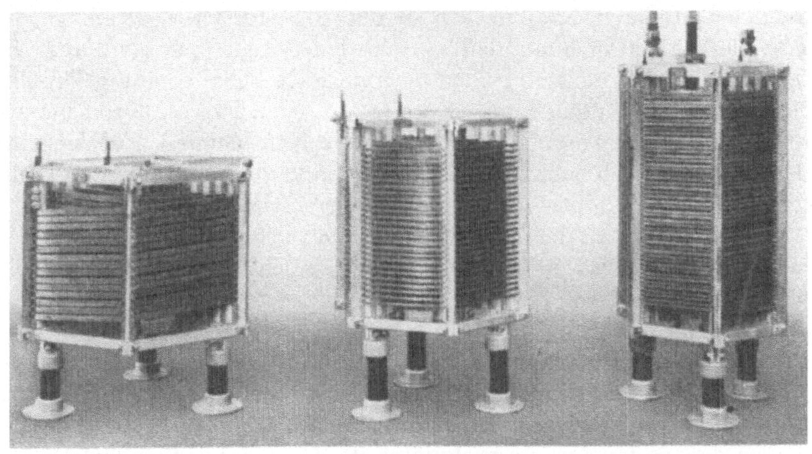

Abb. 4. Kurzschlußdrosselspulen in verschiedenen Ausführungen.

| 3 000 Volt, | 10 000 Volt, | 6 000 Volt, |
| 1 200 Amp. | 170 Amp. | 600 Amp. |

Voraussetzung für einen zuverlässigen Schutz einer solchen Drosselspule gegen die Wirkungen und Folgen des Kurzschlußstromes ist natürlich, daß die Drosselspule die Kurzschlußbeanspruchungen selbst verträgt. Die Drosselspule muß durch entsprechende Konstruktion des Traggestelles den mechanischen Wirkungen des Stoßkurzschlußstromes und durch Wahl der richtigen Kupferquerschnitte auch den Stromwärmebeanspruchungen gewachsen sein. Bei einem Kurzschluß fließt durch die Drosselspule ein Vielfaches des Nennstromes; dieser Strombeanspruchung kann die Spule natürlich nur kurze Zeit

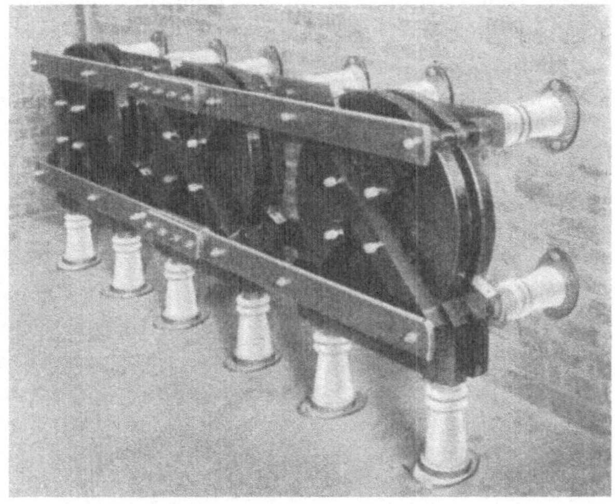

Abb. 5. Dreipolige Kurzschlußdrosselspule für kleinere Ströme.

— etwa 10—15 Sekunden — standhalten und muß vor Ablauf dieser Zeit durch einen selbsttätigen Ölschalter, der im Kurzschlußstromkreis liegt, abgetrennt werden.

Diese Kurzschlußdrosseln können so bemessen werden, daß man auch bei größeren Kraftwerken in der Eigenbedarfsschaltanlage, insbesondere aber auch an den verschiedenen Speisepunkten und Verteilungen, in den meisten Fällen noch normale Schalter und gekapseltes Schaltzeug verwenden kann. Die Größe der Kurzschlußdrosseln wird durch den Nennstrom, den Spannungsverlust, der mit Rücksicht auf den Gesamtbetrieb noch zugelassen werden kann, und durch den Dauerkurzschlußstrom hinter der Drosselspule bestimmt.

Mit dem Einbau der Drosselspulen müssen natürlich auch Nachteile in Kauf genommen werden, die aber oft überschätzt werden. Die Spulen haben einen geringen Eigenverbrauch und setzen daher den Wirkungsgrad nur unwesentlich herab.

Der Eigenverlust und Anschaffungspreis der Kurzschlußdrosseln wird aber durch die Vorteile, die sie allein der Betriebsführung durch die Beruhigung des Betriebes bringen, reichlich aufgehoben, ganz abgesehen davon, daß sie für den Kurzschlußschutz der Anlage oft unbedingt notwendig sind.

Je nach der Leistung und Zahl der parallel arbeitenden Haustransformatoren können sich aber an der Eigenbedarfsschiene trotz der vorgeschalteten Kurzschlußdrosselspulen noch Kurzschlußstromwerte und mechanische Beanspruchungen ergeben, die es nicht gestatten, für die Eigenbedarfsverteilung Kabel, Überstromauslöser und Stromwandler von beliebig kleinem Drahtquerschnitt zu verwenden. Durch den Kurzschlußstrom werden alle vom Kurzschluß durchflossenen Leitungen erwärmt, und, wie nachstehende Rechnung zeigt, ist es notwendig, auch im Eigenbedarf die Querschnitte der Verbindungskabel, der Überstromauslöser und Stromwandler auf Kurzschlußerwärmung nachzurechnen.

In Abb. 6 ist angenommen, daß eine 3 kV-Eigenbedarfs-Sammelschiene von der Hauptanlage aus durch zwei Haustransformatoren von je 1500 kVA, welchen je eine Kurzschlußdrosselspule von 7,5 vH vorgeschaltet ist, versorgt wird. Bei einer Kraftwerksleistung von z. B. 100 000 kVA wird der Dauerkurzschlußstrom an der 3 kV-Eigenbedarfsschiene dann etwa 6000 Amp. werden. An der Eigenbedarfsschiene liege u. a. ein Kabelabzweig mit z. B. 200 kW Anschlußwert, für welchen normal ein Kabel von $3 \times 10 \, \text{mm}^2$ Querschnitt genügen würde. Wäre der Ölschalter für diesen Abzweig z. B. auf 2 Sekunden Auslösezeit eingestellt, dann würden die Leiter dieses Kabels bei den hier vorliegenden Kurzschlußverhältnissen bis zur Abschaltung rechnerisch eine Temperatur von etwa 5000—6000° annehmen. Da der Schmelzpunkt von

Kupfer ungefähr bei 1080° liegt, würde von einem Kabel $3 \times 10\,\mathrm{mm}^2$ bei einem Kurzschluß daher nicht viel übrigbleiben. Erachtet man eine Erwärmung der Kabelleiter auf 160° noch für zulässig, dann müßte für den 200 kW-Abzweig ein Kabel von $3 \times 70\,\mathrm{mm}^2$ Querschnitt gewählt werden.

Das Beispiel zeigt, daß auch in Anlagen, die durch Reaktanzspulen geschützt sind, unter Umständen die Kurzschlußerwärmung den kleinst zulässigen Kabelquerschnitt bestimmt. Es ist daher notwendig, in jedem Falle zu untersuchen, ob ein aus dem Anschlußwert eines Ab-

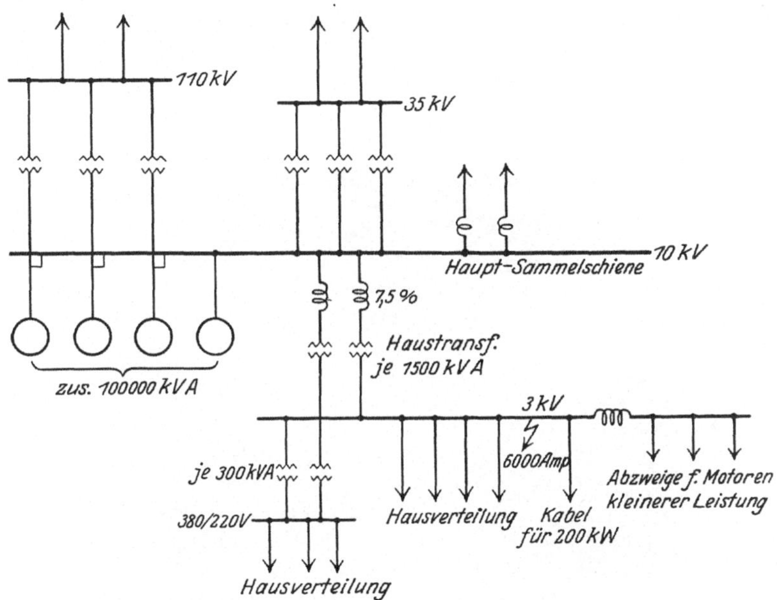

Abb. 6. Versorgung des Eigenbedarfs durch Haustransformatoren.

zweiges errechneter Kabelquerschnitt nicht durch die Kurzschlußerwärmung gefährdet ist[1]).

Viele Betriebsstörungen in den Eigenbedarfsanlagen werden auf Kabel- oder Muffenfehler zurückgeführt, während die Schäden in Wirklichkeit in der zu hohen thermischen und mechanischen Beanspruchung bei Kurzschluß ihre Ursache haben. Wird ein Kabel öfter einer unzulässigen Kurzschlußerwärmung ausgesetzt, so wird die Isolation des Kabels langsam brüchig werden und das Kabel endlich durchschlagen. Sehr stark unterdimensionierte Kabel können bei Kurzschluß leicht auch sehr gefährliche Brände verursachen.

---

[1]) Rüdenberg, Reinhold: Kurzschlußströme beim Betrieb von Großkraftwerken. Berlin: Julius Springer 1925.

Die Ölschalter in der Eigenbedarfsverteilung erhalten in den meisten Fällen noch direkt aufgebaute Auslöser. Wird der Nennstrom dieser Auslöser zu klein gewählt, so ist die Zerstörung des Auslösers durch Kurzschlußstromwärme unvermeidbar. Die Isolation eines überbeanspruchten Auslösers fängt in kürzester Zeit an zu rauchen, und durch die Rauchschwaden kann ein Überschlag an den Ölschalterdurchführungen eingeleitet werden, der unter Umständen die ganze Ölschalterzelle in Brand setzt. Wird in einem solchen Falle der Ölschalter ganz zerstört, so ist die Meinung, der Ölschalter hätte die Schaltleistung nicht bewältigt und sei deshalb zerstört worden, manchmal schwer zu widerlegen. In Wirklichkeit liegt aber in den meisten Fällen

Abb. 7. Schalterzerstorung durch äußeren Kurzschluß.

die Ursache in der unzulässigen Erhitzung der Auslösemagnetspulen, indem der Auslösemechanismus, durch den Brand zerstört, unter Umständen gar nicht Zeit gefunden hat, die Ausschaltung des Ölschalters zu bewirken. Dünndrähtige und überbeanspruchte Auslöser sind natürlich auch der mechanischen Beanspruchung durch den plötzlichen Kurzschlußstrom nicht gewachsen und können beim ersten ungedämpften Kurzschluß auseinanderfliegen und dadurch einen Klemmenkurzschluß einleiten. Abb. 7 und 8 zeigen solche durch äußeren Kurzschluß zerstörte Schalter.

Die VDE.-Leitsätze für die Konstruktion und Prüfung von Wechselstrom-Hochspannungsapparaten enthalten zwar Vorschriften für die zulässige Strombelastung der Magnetwicklung von Primärauslösern, die jedoch in der Praxis leider oft nicht beachtet werden. Welche Bedeutung aber diesen Vorschriften beizumessen ist, geht auch daraus hervor, daß in dem neuen Entwurf der VDE.-Regeln (REH.), die in der ETZ 1927, S. 119 u. f. abgedruckt sind, die zulässige Wärmebeanspruchung solcher Stromwicklungen gegenüber den alten VDE.-Leitsätzen von 1914 noch herabgesetzt wurde.

Nach diesem neuen Entwurf soll ein Primärauslöser mit von der Stromstärke unabhängiger oder begrenzt abhängiger Auslösecharakteristik bis zu seiner selbsttätigen Abschaltung mit keinem höheren Kurzschlußstrom belastet werden, als dem $\frac{60}{\sqrt{t}}$ fachen seines Nennstromes. „t" bedeutet dabei die am Auslöser eingestellte Auslösezeit in Sekunden. Die praktische Anwendung dieser Vorschrift sei an einem Beispiel erläutert.

Die Ölschalter der kleinen 300 kVA-Transformatoren in Abb. 6, die von der 3 kV-Eigenbedarfsschiene den Niederspannungsteil der Eigenanlage versorgen, würden zum Schutze der Transformatoren gegen Überlastung normal einen Auslöser von etwa

Abb. 8. Durch Kurzschlußströme verbrannte Auslösespulen.

75 Amp. Nennstrom erhalten. Bei 2 Sekunden Auslösezeit wird der Faktor $\frac{60}{\sqrt{t}} = 42,3$, d. h.: bei 6000 Amp. Dauerkurzschlußstrom dürfen alle an die 3000 Volt-Hausschiene angeschlossenen Ölschalter keine kleineren Auslöser als für $\frac{6000}{42,3} = 140$ Amp. Nennstrom erhalten.

Bei Überstromauslösern, deren Magnetspulen hinsichtlich Kurzschlußerwärmung bis zur maximalen zulässigen Grenze beansprucht sind, empfiehlt es sich, der Betriebsleitung die Auslösezeit anzugeben, welche der Berechnung zugrunde gelegt wurde. Wird das Zeithemmwerk eines Auslösers im Betrieb auf eine höhere Zeit eingestellt, so kann die dann höhere Erwärmung bereits zur Gefährdung der Windungsisolation der Auslöserwicklung führen. Handelt es sich in einem solchen Falle um einen Ölschalter für einen Kabelabzweig, dessen Leiter bei der angenommenen Auslösezeit durch die Kurzschlußstromwärme ebenfalls schon bis zur Grenze beansprucht sind, so kann durch die willkürliche Erhöhung der Auslösezeit auch die Kabelisolation gefährdet werden. Es empfiehlt sich daher, bei der Projektierung für die Berechnung der Kurzschlußerwärmung nicht mit zu kleinen Auslösezeiten zu rechnen.

Bei Beachtung der Erwärmungsvorschriften für Überstromauslöser wäre es in vorliegendem Beispiele auch nicht möglich, kleinere Motoren als etwa 300—350 kW in der gebräuchlichen Art durch Primärauslöser zu schützen. Die weitaus größte Zahl der in der Hausanlage arbeitenden Motoren hat aber kleinere Leistungen; die Motoren sind allerdings nicht alle direkt an die Hausschiene angeschlossen, sondern werden hauptsächlich von den Unterverteilungen der Hausanlage versorgt. Nach der Zusammenstellung auf S. 62 können z. B. für 3000 Volt Motoren bis herunter zu etwa 30 kW ausgeführt werden. Wenn auch in den Unterverteilungen der Kurzschlußstrom durch die Widerstände der Verteilungskabel etwas kleiner ist, so wird er aber immer noch viel zu groß sein, als daß ein Überstromschutz solch kleiner Motoren durch Primärauslöser möglich wäre.

In manchen Fällen mag es auch, wie in Abb. 6 und 11 angedeutet, genügen, die Abzweige für die kleineren Motoren auf der einen Hausschienenhälfte zusammenzufassen und die beiden Sammelschienenhälften über eine Kurzschlußdrossel zu verbinden. Der Nennstrom dieser Drosselspule wird dann verhältnismäßig klein und die dämpfende Wirkung entsprechend groß. Diese Anordnung bedingt aber für die Hausverteilung einen Mehraufwand an Verbindungskabeln und Verteilungen. Sie wird daher nur für die Motoren, die in der Nähe der Hausverteilung aufgestellt sind, anzuwenden sein, während die entfernt aufgestellten Motoren kleinerer Leistung besser von den im Bereich des Kraftwerkes vorgesehenen Unterstationen mit Niederspannung versorgt werden.

Eine bedeutende Verminderung der Kurzschlußstromstärke erreicht man durch Unterteilung des ganzen Hausbetriebes. Die Trennung des Hausbetriebes ist zwar für die Betriebsführung etwas unbequem, hat aber außer der Verringerung des Kurzschlußstromes auch noch den großen Vorteil, daß eine Störung in einem Teil der Hausversorgung auf diesen beschränkt bleibt und sich nicht in dem gesamten Hausbetrieb bemerkbar macht. In der Hausverteilung einer solchen, für eine herabgesetzte Kurzschlußleistung bemessene Hausanlage muß dann aber durch Verriegelung der in Frage kommenden Umschalter dafür gesorgt werden, daß die verschiedenen Abzweige nicht aus Versehen in den Verteilungen wieder zusammengeschaltet werden.

Aber auch die Teilung des Hausbetriebes wird oft nicht genügen, um die Motoren der unteren Leistungsgrenzen noch mit Hochspannung versorgen zu können. In den meisten Fällen bleibt nichts anderes mehr übrig, als die kleineren Motoren an das Niederspannungsnetz anzuschließen.

Bei Beachtung der Erwärmungsvorschriften für Überstromauslöser ist es, wie oben gezeigt, oft nicht möglich, in der Hausverteilung kleine Transformatoren auf der Oberspannungsseite durch Primärauslöser gegen unzulässige Überlastung zu schützen. Man kann sich in solchen Fällen aber helfen, indem die Transformatoren gegen Überlastung auf der Niederspannungsseite entsprechend geschützt werden und die auf der Oberspannungsseite mit vorschriftsmäßig stärkeren Auslösern versehenen Ölschalter nur als Kurzschlußschutz arbeiten. (S. auch Abschnitt IVb „Haustransformatoren".)

Da aus den oben angegebenen Gründen in Kraftwerken mit großer Kurzschlußleistung durch Primärauslöser oft ein genügender Schutz nicht erreicht werden kann, ist man in neuerer Zeit bei großen Kraftwerken dazu übergegangen, auch für die Hausverteilung Sekundärauslöser im Anschluß an kurzschlußsichere Stromwandler zu wählen. Für Relaiszwecke können Einleiterwandler mit sehr geringer Nennstromstärke noch mit genügender Genauigkeit und absolut kurzschluß- und wärmesicher gebaut werden, so daß z. B. bei 3000 V noch Motoren von 30 kW gegen unzulässige Überlastung und Kurzschluß geschützt werden können. Die Sekundärleistung solcher Einleiterwandler reicht dann allerdings nicht mehr zum Anschluß mancher im Handel befindlichen Maximalrelais aus, und es müssen empfindlichere Relais mit geringerem Energieverbrauch verwendet werden. Wenn man eine Meßungenauigkeit von einigen Hundertteilen in Kauf nimmt, reichen die Wandler auch zum Anschluß eines Stromzeigers aus; es können z. B. die Stromwandler in 2 Phasen zum Überlastungsschutz und der Wandler in der dritten Phase zur Messung benutzt werden.

Da die Unterverteilungen in der Hausanlage in der Regel als gekapselte Schaltanlagen ausgeführt werden, müssen die einzelnen Ölschaltkästen mit solchen Einleiterwandlern ausgerüstet werden.

In großen Kraftwerken, in denen der Eigenbedarf durch Haustransformatoren von der Hauptanlage versorgt wird, kann der in der Hausanlage mögliche Kurzschlußstrom trotz aller Schutzmaßnahmen aber noch so hoch werden, daß die üblichen Ölschaltkästen die Kurzschlußleistung nicht mehr bewältigen. Es müssen dann schwerere Konstruktionen in Form von Schaltwagen (s. Abb. 24) oder auch gußgekapselte Hochspannungsverteilungen gewählt werden.

Auch in der Drehstrom-Niederspannungsverteilung der Eigenbedarfsanlage ergeben sich oft sehr hohe Kurzschlußströme, die zu schweren Störungen führen können, wenn die Maximalautomaten oder Sicherungen in den Verteilungsanlagen der Ausschalterstromstärke bei Kurzschlüssen nicht gewachsen sind. Unzweckmäßiger und gedrängter Einbau der Apparate führt oft zum Stehenbleiben des Ausschaltlichtbogens zu benachbarten Eisenteilen des Einbaugerüstes, und schwere Betriebsstörungen sind die Folge.

Es ist also auch bei der Niederspannungsverteilung Aufmerksamkeit geboten. Zweckmäßig wird man an den Niederspannungssammelschienen auch für Abzweige mit kleinen Anschlußwerten möglichst Automaten mit höherem Nennstrom vorsehen, und auch entsprechend starke Kabel verlegen.

III. Versorgung des Gleichstromeigenbedarfes.

a) Betätigungsbatterie.

In Drehstromkraftwerken muß eine Gleichstromquelle für die Fernschaltantriebe der Ölschalter, die Tourenverstellmotoren der Hauptmaschinen, die Kommandoanlage, die Signallampen, Relais usw. vorgesehen werden. Der Anschluß dieser Teile an eine von der Drehstromanlage unabhängige Stromquelle ist erforderlich, um bei einer Betriebsstörung in der Hauptanlage, die mit stark sinkender oder fortbleibender Sammelschienenspannung verbunden ist, ein selbsttätiges Schalten der Anlage aufrechtzuerhalten und unter Benutzung der vorhandenen Verständigungsvorrichtungen entsprechende Schaltmanöver zu ermöglichen.

Die Bemessung der Kapazität einer solchen Betätigungsbatterie geschieht nach folgenden Überlegungen:

Da die Betätigung der Schalterantriebe auch bei nahezu entladener Batterie noch sichergestellt sein muß, ist der Spannungsabfall der Batterie in diesem Zustand beim plötzlichen Einschalten eines Schalterantriebes zugrunde zu legen. Dieser Spannungsabfall beträgt bei einer Belastung mit dem normalen einstündigen Entladestrom etwa 5 vH.

Die Größe des Stromes, der zur Verfügung stehen muß, richtet sich nach der Zahl der gleichzeitig ein- oder auszuschaltenden Schalterantriebe.

Hierbei ist zu beachten, ob der Schalterantrieb in Form eines Hubmagneten oder eines Schaltmotors gebaut ist. Letzterer wird zum Ein- und Ausschalten nahezu den gleichen Strom benötigen, da dieser in der Hauptsache durch die Beschleunigungsarbeit des Motorankers usw. bestimmt ist. Der Hubmagnet hat beim Einschalten eine bedeutend größere Leistungsaufnahme als beim Ausschalten, da er beim Einschalten die Ausschaltfedern des Ölschalters spannen muß, die beim Ausschalten nur ausgelöst werden müssen und das Ausschalten selbst übernehmen.

Man kann damit rechnen, daß jeweils nur ein Schalter zur gleichen Zeit eingeschaltet wird. Dagegen können mehrere auf gleiche Auslösezeit eingestellte Schalter gleichzeitig ausschalten, wenn sie durch denselben Kurzschlußstrom beansprucht werden können, was z. B. bei parallel an den Sammelschienen angeschlossenen Schaltern von Generatoren oder auch Transformatoren der Fall sein kann.

Der Spannungsabfall in den Zuleitungen zu den Schalterantrieben ist in jedem Fall zu berücksichtigen; er soll 5 vH nicht überschreiten.

Rechnet man also mit einem Spannungsabfall in der Batterie und in den Zuleitungen von je 5 vH, so ist der Schalterantrieb für eine um 10 vH niedrigere Spannung vorzusehen, als an den Batteriesammelschienen herrscht. Dies ist besonders bei Hubmagneten zu beachten, während Schaltmotoren nicht so empfindlich gegen Spannungsunterschiede sind.

Nachstehende Beispiele sollen die Bestimmung der Größe einer Stationsbatterie erläutern:

Beispiel 1: Das Ein- und Ausschalten erfolgt durch Schaltmotorantriebe von je 5,5 kW Leistungsaufnahme bei 220 V Entladespannung. Es ist angenommen, daß das Ausschalten in diesem Falle also nicht durch Spannungsauslöser und Freilaufkupplung, sondern durch den Schaltmotorantrieb selbst erfolgt. Der Spannungsverlust in den Leitungen sei 5 vH. Die Schaltung sei derart, daß 4 Schalter gleichzeitig zum Auslösen kommen können.

Die Leistung der Batterie wäre hiernach $4 \times 5,5 = 22$ kW.

Da jedoch nach den Richtlinien des VDE. Schalterantriebe beim Ausschalten auch noch bei einer um 25 vH geringeren Spannung sicher wirken müssen, kann man einen größeren Spannungsabfall der Batterie, d. h. eine Überlastung derselben, zulassen. Rechnet man, in Anbetracht der Kürze der Belastung, mit dem Doppelten des normalen Entladestromes, so erhält man auch den doppelten Spannungsabfall in der Batterie, also etwa 10 vH. Für das Ausschalten kann alsdann die Hälfte der oben errechneten Leistung eingesetzt werden, also $\dfrac{4 \times 5,5}{2} = 11$ kW, was einen Entladestrom von $\dfrac{11 \times 1000}{220 \times 0,85} = 59$ Amp. ergibt. Die Batterietype J S 3 mit 55 Amp. einstündigem Entladestrom würde hier also genügen.

Beispiel 2: Werden die im Beispiel 1 erwähnten Schalter durch Hubmagnete angetrieben, so ist für die Bemessung der Batterie nur mit einem Schalterantrieb zu rechnen, da die Energieaufnahme beim Ausschalten in der Regel weniger als 1 kW pro Antrieb beträgt, während beim Einschalten etwa 10—35 kW pro Antrieb erforderlich sind.

Da beim Einschalten nach den VDE.-Vorschriften nur mit einer um 10 vH geringeren Spannung gerechnet werden darf, kann in diesem

Fall die Batterie nicht über den normalen Entladestrom überlastet werden. Es ergibt sich für das Einschalten eine Stromstärke von $\frac{35 \times 1000}{220 \times 0,9} = 176$ Amp., was eine Batterietype J S 10 mit 185 Amp. einstündigem Entladestrom ergibt. Diese Batterie ist selbst dann ausreichend, wenn mehrere Schalter in kurzen Zeitabständen unmittelbar hintereinander eingeschaltet werden.

Nach der Festlegung der Kapazität der für die Antriebe benötigten Batterie ist nachzuprüfen, ob diese auch für den übrigen Gleichstrombedarf des Werkes ausreicht. Eine etwaige größere Grundbelastung ist beim Spannungsabfall der Batterie mit in Rechnung zu ziehen.

b) Hausbatterie.

Der moderne Kraftwerksbau stellt aber an die Leistungsfähigkeit einer unabhängigen Gleichstromversorgung unter Umständen höhere Anforderungen als bisher. Das gilt in erster Linie für Kraftwerke, in denen die Eigenbedarfsanlage durch Haustransformatoren von der Hauptanlage versorgt wird. Für die betriebswichtigsten Motoren, deren Stromversorgung auch bei einer kurzzeitigen Störung in der Hauptanlage sichergestellt bleiben muß, darf dann nicht Drehstrom, sondern es muß Gleichstrom gewählt werden.

Während für die Versorgung der Ölschalterantriebe usw. auch bei großen Kraftwerken eine Betätigungsbatterie von einigen 100 Amp.-Stunden Kapazität ausreichen wird, kann z. B. für die Gleichstromantriebe in einem Kesselhaus mit Kohlenstaubfeuerung leicht eine Batteriereserve von mehreren 1000 Amp.-Stunden Leistungsfähigkeit notwendig werden, um den Kraftzufluß für die wichtigsten Hilfsbetriebe des Kesselhauses unbedingt sicherzustellen.

Unter Umständen wird es sich empfehlen, außer dieser großen Hausbatterie auch noch die oben beschriebene eigentliche Betätigungsbatterie für die Ölschalterantriebe usw. beizubehalten, besonders dann, wenn für die Kesselhausmotoren eine höhere Spannung gewählt werden muß, als sie für die Betätigungsanlage des elektrischen Teiles des Kraftwerkes notwendig ist.

Wird in einem Kraftwerk eine so reichliche Batteriereserve vorgesehen, dann kann man auch die gesamte Beleuchtung des Kraftwerkes an Gleichstrom legen, während bisher nur betriebswichtige Räume mit Notbeleuchtung zum Anschluß an die Betätigungsbatterie versehen wurden. In vielen Räumen lagen also Haupt- und Hilfsstromkreise nebeneinander. Bei einer Störung der Drehstromversorgung war nur ein Teil der Räume beleuchtet, während ein Kraftwerk mit vollkommener Gleichstrombeleuchtung von der Drehstromanlage ganz unabhängig ist und außerdem noch den Vorteil einer einfachen Licht-installation hat.

In Kraftwerken mit besonderen, von der Hauptanlage unabhängigen Drehstrom-Hausgeneratoren wird die Hausbatterie kleiner gehalten werden können, vornehmlich, wenn 2 Hausgeneratoren vorhanden sind, von denen jeder den vollen Eigenbedarf des Werkes decken kann.

c) Gleichstromumformer.

Je nach der Art der Feuerung und Größe der Kraftwerkes kann der Gleichstrombedarf des Kesselhauses mehrere 1000 kW betragen.

Im normalen Betrieb wird man den Gleichstrombedarf durch laufende Umformung decken und die Batterieleistung zweckmäßig so bemessen, daß die Batterie bei Störung der Gleichstromversorgung den Bedarf der wichtigsten Motoren während kurzer Zeit liefern kann. Für die laufende Gleichstromversorgung des Kesselhauses werden einige Gleichstrom-umformer aufgestellt und die Schaltung so eingerichtet, daß bei Störung der Gleichstromlieferung durch die Umformer die Batterie sofort auto-matisch die Versorgung übernimmt. Die Batterie kann entweder dau-ernd an den Umformerschienen liegen und bei Spannungsrückgang die Versorgung übernehmen, oder man wählt doppelte Schienensysteme mit einer Umschaltung beim Versagen der Stromlieferung aus den Um-formern. In beiden Fällen empfiehlt es sich, den Schalttafel-wärter durch ein Signal zu benachrichtigen, daß die Hausbatterie stark entladen wird.

Der Gleichstrombedarf des Kesselhauses wird mit der Lastlinie des Kraftwerkes Änderungen unterworfen sein. Mit Rücksicht auf den Wirkungsgrad der Gleichstromumformung wird es sich daher empfehlen, für die Umformung nicht zu große Maschinensätze, die bei Teilbelastung mit schlechtem Wirkungsgrad arbeiten würden, vorzusehen; man wird besser mehrere kleinere Umformer, die je nach dem Gleichstrombedarf zu- und abgeschaltet werden, einbauen.

Für die Gleichstromerzeugung werden die gebräuchlichen Umformer-arten, Synchron- und Asynchron-Motorgeneratoren und auch Einanker-umformer verwandt. Auch der Quecksilbergleichrichter, der wegen seiner bemerkenswerten Vorteile in kürzester Zeit eine große Ver-breitung erfahren hat, wird sich für die Gleichstromversorgung sehr gut eignen, um so mehr, als er mit seiner gebräuchlichen Apparatur auch zur Batterieladung herangezogen werden kann, ohne daß ein beson-deres Zusatzaggregat benötigt wird. Mit einer Kombination von Um-formern und Gleichrichtern wird sich eine wirtschaftliche Umformung am zweckmäßigsten erreichen lassen. Die Umformer können dann voll belastet die Grundlast decken, während sich die Gleichrichter mit der schwankenden Gleichstromabnahme selbsttätig zu- und abschalten.

Es liegt nicht in dem gegebenen Rahmen, auf die Vor- und Nachteile der einzelnen Umformerarten einzugehen, für viele Werke wird es sich aber aus den nachstehend angegebenen Gründen empfehlen, für einen der Umformer einen Synchronmotor vorzusehen. Da ein Synchronmotor ohne weiteres auch als Generator arbeiten kann, erreicht man mit der Aufstellung eines Synchron-Motorgenerators den großen Vorteil, den Umformer im Notfall auch im umgekehrten Betrieb zur Drehstromerzeugung heranziehen zu können. Eine vollkommene Stromlosigkeit, wie sie in einem Kraftwerk ohne besondere Hausturbine und ohne Verbindung mit einem fremden Werk durchaus möglich ist, kann unter Umständen sehr verhängnisvoll werden. Je nach der Größe der in dem Kraftwerk vorhandenen Gleichstrombatterie kann ein durch Drehstrom-Synchronmotor angetriebener Motorgenerator kürzere oder längere Zeit die betriebswichtigsten Motoren der Hausanlage mit Drehstrom versorgen. Hat das betreffende Kraftwerk ein besonderes Hochspannungslaboratorium, so wird der Umformer außerdem auch zur Lieferung einer reinen und fein einstellbaren Drehstromspannung für Hochspannungsprüfungen und Untersuchungen benutzt werden können.

Sind keine besonderen Hausgeneratoren vorhanden, so müssen die verschiedenen Umformer und Gleichrichter für die Gleichstromversorgung möglichst an verschiedene Teile der Eigenbedarfshauptschiene angeschlossen werden, damit die Gleichstromversorgung von den Störungen der Drehstromanlage möglichst unabhängig wird.

Es ist sehr wertvoll, wenn die Motorgeneratoren, nachdem sie z. B. durch Spannungsrückgang auf der Drehstromseite stehengeblieben sind, bei Wiederkehr der Spannung von selbst wieder anlaufen. Wenn ein Stromstoß von etwa dem Vierfachen des Normalstromes eines Umformers in Kauf genommen werden kann, werden sich Drehstrommotoren mit Kurzschlußanker, die bei Wiederkehr der Spannung von selbst wieder anlaufen, für diese Zwecke sehr gut eignen. Werden Schleifringmotoren gewählt, so sollten diese in Kraftwerken ohne Hausgeneratoren möglichst mit selbsttätigen Wiederanlaßvorrichtungen ausgerüstet werden.

In einem Kraftwerk, dessen Kesselhauseinrichtungen mit Gleichstrommotoren betrieben werden, können sich in der Gleichstromanlage beim Parallelbetrieb der Gleichstromumformer und der Hausbatterie beträchtliche Kurzschlußströme ergeben. Um in der Gleichstromverteilung von vornherein Apparate einbauen zu können, die den Beanspruchungen bei Kurzschluß gewachsen sind, ist es notwendig, die Kurzschlußverhältnisse bereits bei der Planung der Hausanlage zu untersuchen.

IV. Energieverteilung im Eigenbedarf.

a) Schaltbild.

Während man bei kleineren Kraftwerken die ganze Eigenbedarfsverteilung noch mit Niederspannung vornehmen konnte, muß bei Großkraftwerken der Hausbedarf zum großen Teil mit Hochspannung versorgt werden. Die Höhe der Verteilungsspannung ist in erster Linie von der Größe und Ausdehnung des Kraftwerkes abhängig und durch die zu übertragenden Leistungen gegeben.

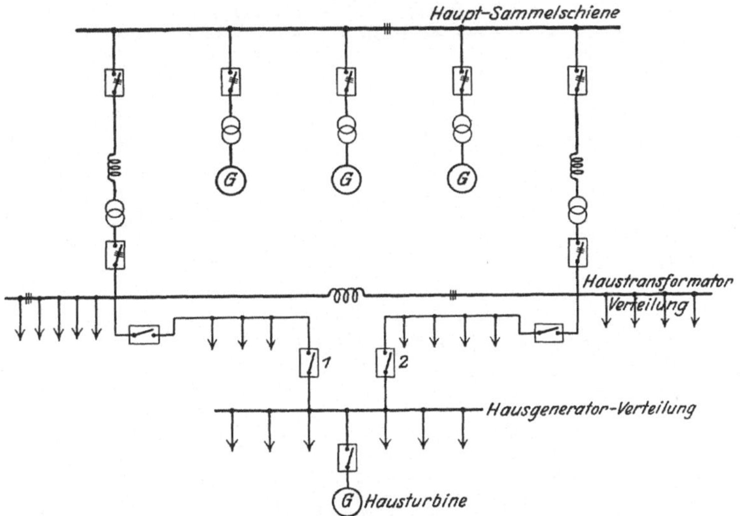

Abb. 9. Haustransformator an der Oberspannung. Hausgenerator für wichtige Antriebe und zum Anlassen.
(Schalter 1 u. 2 so verriegelt, daß nur ein Schalter eingelegt werden kann.)

Im allgemeinen wird man auch bei den größten Dampfkraftwerken mit einer Verteilungsspannung von 2000 oder 3000 V auskommen und nur in besonderen Fällen, z. B. mit Rücksicht auf die Hauptanlage oder wegen einer Reserveverbindung der Hausschiene mit einem anderen Kraftwerk, auf 5000 oder 6000 V gehen. Nach der Zusammenstellung auf Seite 62 können für 3000 V noch Motoren bis herunter zu 30 kW, für 5000 V bis 60 kW und für 6000 V bis 85 kW ausgeführt werden. Die untere Grenze für Hochspannungsmotoren ist, wie aus dem Abschnitt II zu ersehen, auch durch den Kurzschlußstrom in der Hausanlage bzw. den möglichen Überstrom- und Überlastungsschutz der Motoren gegeben.

Mit Rücksicht darauf, daß die Hochspannungsmotoren in der Hausanlage in vielen Fällen unter sehr ungünstigen Betriebsverhältnissen, wie Feuchtigkeit, Staub, Verschmutzung, hohe Umgebungstemperatur, schlechte Wartung und grobe Behandlung laufen, sollte man es möglichst vermeiden, mit der Verteilungsspannung höher zu gehen, als es die Größe und Ausdehnung der Hausverteilung erfordert.

In den meisten bisher ausgeführten Kraftwerken wird die Eigenbedarfsanlage zum Teil direkt von den Generatorsammelschienen, zum Teil über Haustransformatoren, die an die Hauptschienen angeschlossen sind, versorgt. Im letzteren Fall ist man in der Wahl der Verteilungsspannung für den Eigenbedarf vollkommen frei. In modernen Kraftwerken werden aber Generatorsammelschienen nur noch selten vorge-

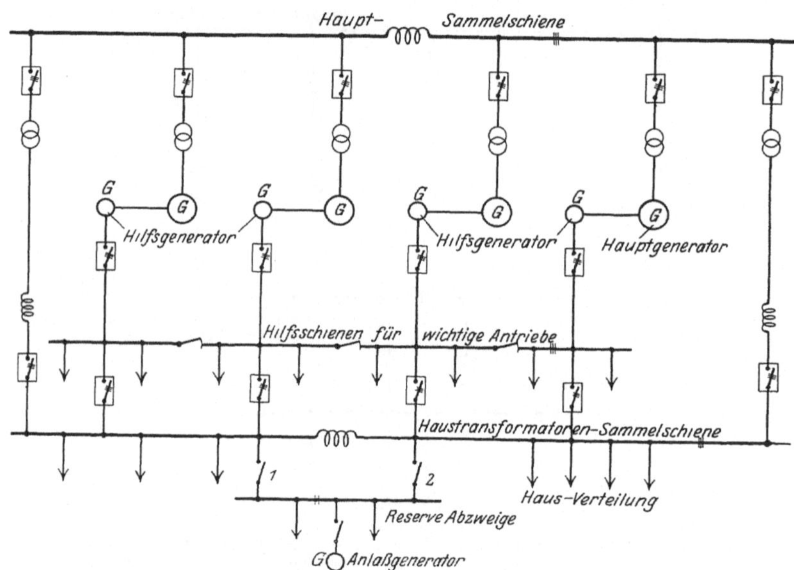

Abb. 10. Hilfsgeneratoren direkt gekuppelt mit den Hauptmaschinen, Haustransformatoren an der Oberspannungsseite, besonderer Anlaßgenerator. (Schalter 1 u. 2 so verriegelt, daß nur ein Schalter eingelegt werden kann.)

sehen; im allgemeinen zieht man die Anordnung, bei der die Generatoren ohne Zwischenschaltung von Sammelschienen und Apparaten mit den zugehörigen Transformatoren eine Betriebseinheit bilden, vor. Durch das Weglassen der Unterspannungssammelschienen wird auf sehr einfache Weise die Kurzschlußsicherheit des Kraftwerkes erhöht, da in dem Anlagenteil mit der größten mechanischen und thermischen Kurzschlußbeanspruchung Apparate und Schaltungen vermieden werden.

Da bei den für Großkraftwerke in Frage kommenden Maschineneinheiten in der Regel eine möglichst hohe Generatorspannung bis 10 oder 12 kV gewählt wird, kommt auch beim Vorhandensein von Gene-

ratorsammelschienen ein direkter Anschluß einzelner Eigenbedarfs-
abzweige an die Hauptschienen nicht in Frage. Es müssen dann für
die Hochspannungsverteilung des Eigenbedarfes noch besondere, an
die Generatorsammelschienen angeschlossene Haustransformatoren vorgesehen werden.

Sind Generatorsammelschienen aber nicht vorhanden, und kann sich
ein Kraftwerk nicht für eine vollkommen getrennte Hausanlage mit
besonderen Hausgeneratoren entschließen, so müssen die Haustransformatoren an die Oberspannungssammelschiene des Kraftwerkes angeschlossen werden. In den Abb. 9 und 10 sind zwei Beispiele für den
Anschluß der Transformatoren in Verbindung mit Hausgeneratoren

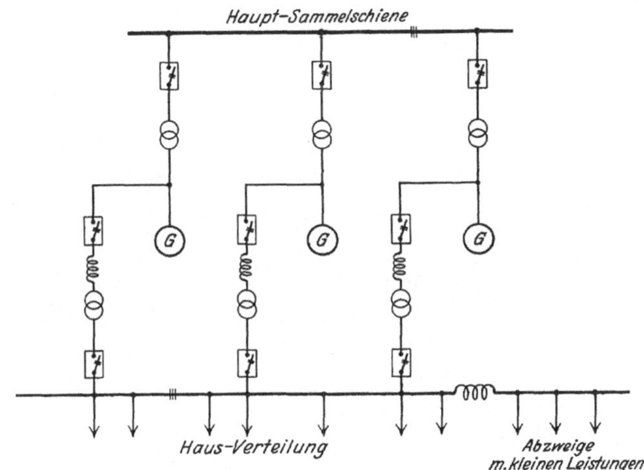

Abb. 11. Haustransformatoren an den Generatoren.

oder direkt mit den Hauptmaschinensätzen gekuppelten Hilfsgeneratoren gegeben. Je nach der Disposition der Anlage sind aber natürlich
noch viele andere Schaltungen möglich.

In Kraftwerken mit reiner Höchstspannungsverteilung ist die zur
Versorgung des Eigenbedarfes notwendige Leistung meist aber so klein,
daß sich oft unwirtschaftliche Transformatoren und hohe Kosten für
die Apparate und Räume ergeben. In solchen Fällen wird daher versucht, die Anschlüsse für die Eigenbedarfsversorgung doch auf der
Generatorseite des Kraftwerkes unterzubringen. Es ergeben sich dann
die verschiedenartigsten Schaltungen, von denen einige in den Abb. 11,
12 und 13 dargestellt sind. In Abb. 14 ist noch eine Schiene, die von
manchen Kraftwerken zum gekreuzten Betrieb der Sätze bei Defekten
an einem Generator und Transformator gewünscht wird, vorgesehen.
Von einer solchen Schiene kann nur dann Gebrauch gemacht werden,

wenn der Generator der einen und der Transformator der anderen
Gruppe gleichzeitig defekt ist. Sollte dieser Betriebsfall wirklich ein-

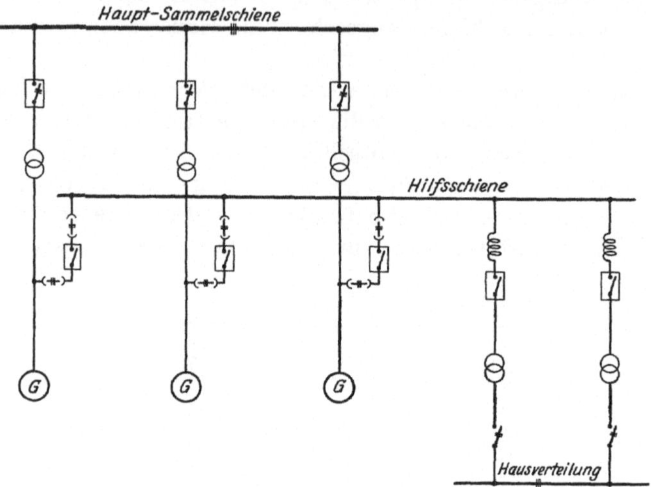

Abb. 12. Hilfsschiene für den Anschluß der Haustransformatoren in einem
Wasserkraftwerk.

mal vorkommen, dann wird man in kürzester Zeit die Transformatoren
austauschen können und auch ohne eine solche Umschaltschiene auskommen.

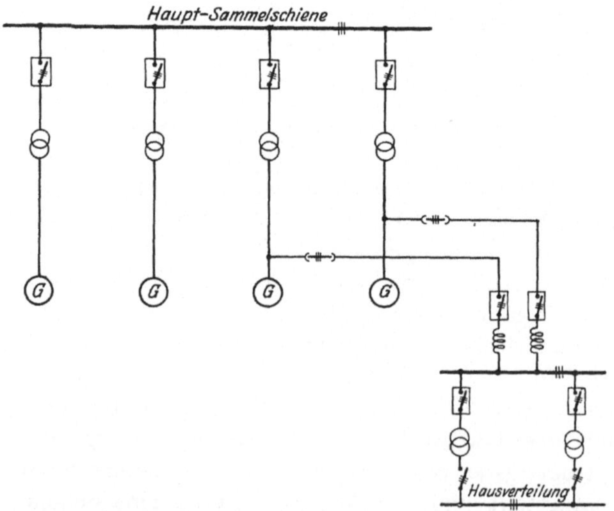

Abb. 13. Anschluß der Haustransformatoren in einem Wasserkraftwerk.

Bei der Beurteilung der verschiedenen Schaltungen muß vor allen
Dingen darauf geachtet werden, daß die Betriebsleitung nicht zu sehr

in ihrer Disposition für das An- und Abstellen der einzelnen Hauptmaschinensätze gehemmt wird. Schaltungen, die das Schaltbild des Werkes komplizieren (s. Abb. 14), und solche, die womöglich öftere tägliche Umschaltungen erfordern, sollten im Interesse der Betriebssicherheit des Kraftwerkes vermieden werden. Umschaltungen der Hausversorgung von einem auf einen anderen Generator können je nach dem Aufbau der Anlage auch eine Gefahrenquelle für den Betrieb bilden. Da eine Fehlschaltung bzw. Störung in der Eigenbedarfsversorgung unter Umständen einen vollständigen Umfall des ganzen Werkes bedeuten kann, muß bei dem Entwurf des Schaltbildes des Kraftwerkes besonders auch auf eine übersichtliche Schaltung der Hausanlage geachtet werden.

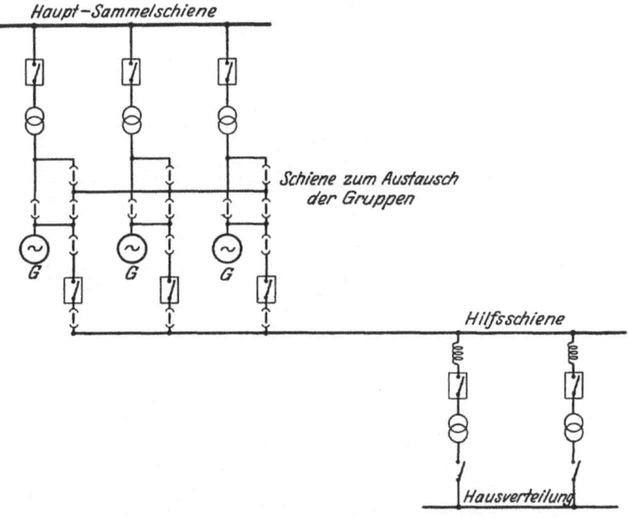

Abb. 14. Hilfsschienen für den Anschluß der Haustransformatoren und Austausch der Gruppen.

Wie im Abschnitt II ausgeführt, wird in Kraftwerken, deren Eigenbedarfsanlage über Haustransformatoren mit der Hauptanlage verbunden ist, der Betrieb der Eigenbedarfsanlage von den Vorgängen und Störungen der Hauptanlage in Mitleidenschaft gezogen. Bei einem Kurzschluß oder Fehlschaltungen in der Hauptschaltanlage oder im Netz in der Nähe des Kraftwerkes wird sich die Kraftwerksspannung mehr oder weniger absenken, und dieser Spannungsrückgang wird durch die Haustransformatoren auch auf den gesamten Hausbetrieb übertragen.

Da das Drehmoment der Drehstrommotoren quadratisch mit der Spannung fällt, können viele Motoren durch ihre Last festgebremst werden. Ein weiterer Nachteil der direkten Versorgung durch Haustransformatoren ist die trotz aller Schutzmaßnahmen oft sehr hohe Kurzschlußbeanspruchung der Apparate, Leitungen und Schaltanlagen in der gesamten Eigenbedarfsverteilung.

Diese Nachteile können zum Teil durch besondere Schaltungen gemildert werden. Würde man z. B. in der Hauptanlage die übliche Anordnung, sämtliche Maschinen des Werkes und die abgehenden Lei-

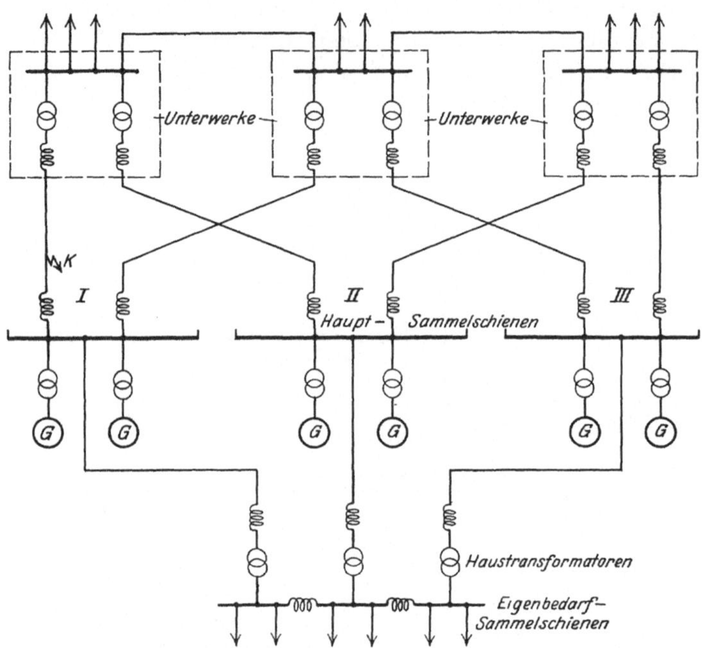

Abb. 15. Schaltbild für den Anschluß von Haustransformatoren.

tungen an den Hauptsammelschienen parallel zu schalten, verlassen und die Generatoren, wie Abb. 15 zeigt, erst über die Unterwerke parallel arbeiten lassen, dann würden sich auch für die Versorgung der Hausanlage sowohl im Hinblick auf die mögliche Spannungsabsenkung als auch im Interesse einer Herabsetzung der Kurzschlußbeanspruchung ganz bedeutende Vorteile ergeben.

In der Schaltung Abb. 15 wird die Eigenanlage des Kraftwerkes von jedem Hauptsammelschienenabschnitt aus durch einen Haustransformator mit vorgeschalteter Kurzschlußdrosselspule versorgt. Bei einem Kurzschluß, z. B. an der mit K bezeichneten Stelle, wird die Spannung an der Sammelschiene I auf einen Wert sinken, der dem Spannungsabfall des durch die vorgeschaltete Drosselspule geringeren Kurzschlußstromes in den Generatoren entspricht. Die Spannungsabsenkung an der Schiene II wird weniger groß sein, und für die Schiene III wird ein Kurzschluß an der Stelle K nicht mehr besonders fühlbar werden.

In den durch Kurzschlußdrosseln getrennten Teilen der Eigenbedarfssammelschienen werden sich, entsprechend der Spannungsabsenkung der Hauptanlagenabschnitte, bestimmte, durch die Konstanten der Kurzschlußstrom führenden Stromkreise gegebene Spannungen einstellen. Durch entsprechende Bemessung der Drosselspulen in den ausgehenden Leitungen der Hauptanlage und in den Abzweigen der Haustransformatoren kann man es erreichen, daß die Spannungen an den Abschnitten der Eigenbedarfsschiene bei einem Kurzschluß in dem Hauptverteilungsnetz nicht unter einen als zulässig erachteten Wert absinken. Eine Störung in der Hauptanlage wird sich dann schlimmstenfalls nur in einem Teil des Eigenbetriebes stärker bemerkbar machen oder auch ganz ohne bedeutende Rückwirkung bleiben.

Die Kurzschlußdrosselspulen in der Hauptschaltanlage und im Eigenbedarf bringen also neben ihrem eigentlichen Zweck der Begrenzung der Kurzschlußströme noch den sehr wichtigen Vorteil, daß sie die Spannung an den Haupt- und Eigenbedarfsschienen vor dem vollständigen Zusammenbrechen schützen und damit je nach ihrer Impedanz und Art der Netzfiguration die Wirkung eines Kurzschlusses mehr oder weniger auf den kranken Anlagenteil begrenzen. Da die Drosselspulen durch ihren Spannungsabfall aber den Regulierbereich der Hauptgeneratoren vergrößern, ist deren Anwendung mit Rücksicht auf eine technisch und wirtschaftlich einwandfreie Regelung der Gebrauchsspannung eine gewisse Grenze gezogen.

In dem Buche: „Kurzschlußströme beim Betrieb von Großkraftwerken" von Prof. Dr.-Ing. Reinhold Rüdenberg, Verlag Julius Springer, Berlin, ist der Rechnungsgang für eine genaue Bestimmung der sich bei einem Kurzschluß in den verschiedenen Anlagenteilen einstellenden Spannungsabsenkung gegeben.

Fernkraftwerke, die mit mehreren Leitungen getrennte Gebiete oder Städte versorgen, werden die Trennung des Betriebes auf der Oberspannungsseite möglichst auch dann vorziehen, wenn ein Parallelbetrieb der Hauptgeneratoren über die Unterwerke ähnlich Abb. 15 nicht in Frage kommt. Die einzelnen Maschinen, die auf die verschiedenen Leitungen arbeiten, können dann z. B. über die Eigenbedarfsschiene der Abb. 15 im Synchronismus gehalten werden. Man kann auch die in Abb. 13 angedeutete Eigenbedarfsschiene über Kurzschlußdrosselspulen mit allen Generatoren des Kraftwerkes verbinden und über diese Schiene die auf der Oberspannungsseite getrennt betriebenen Generatoren oder Generatorgruppen parallel arbeiten lassen. Bei

Belastungsänderungen einer der abgehenden Leitungen ist es ohne
weiteres möglich, den Laständerungen dadurch Rechnung zu tragen,
daß einzelne Maschinen auf der Oberspannungsseite auf eine andere

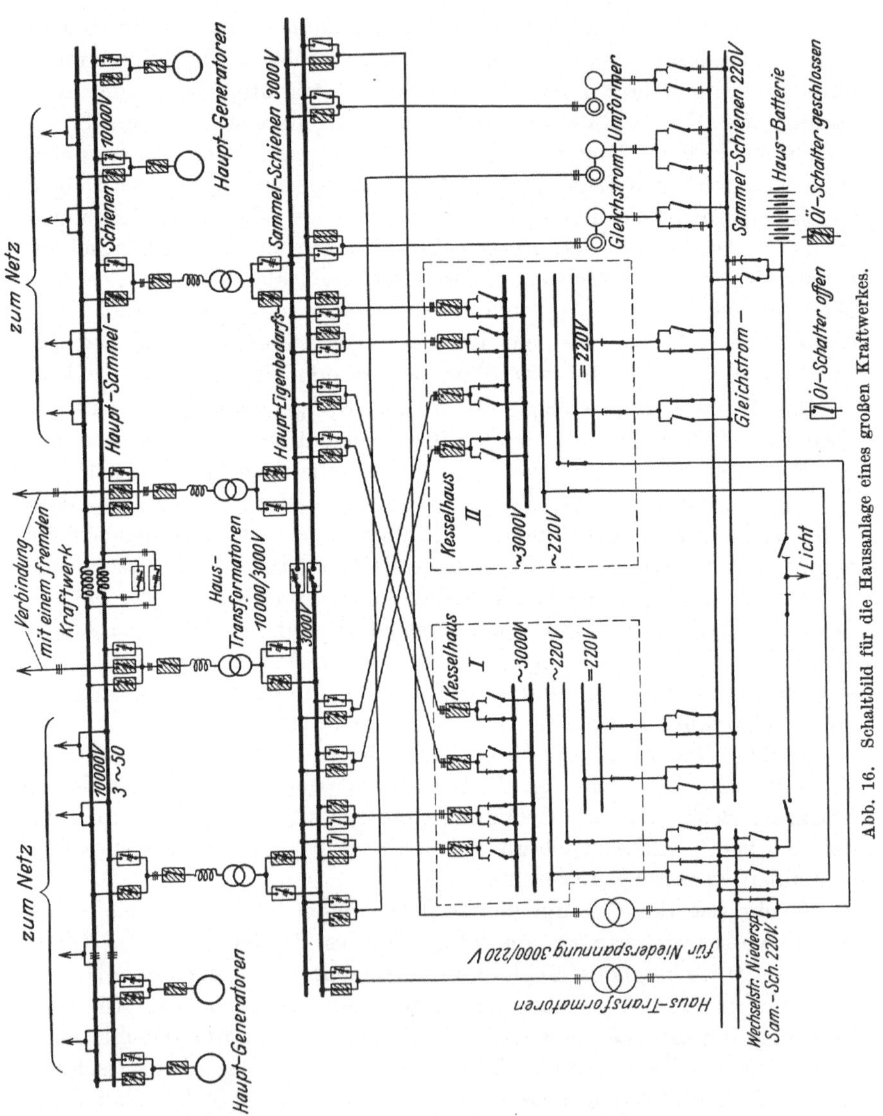

Abb. 16. Schaltbild für die Hausanlage eines großen Kraftwerkes.

Gruppe umgelegt werden. Bei einer solchen Anordnung werden die
Störungen in einem Netzteil auf die übrigen Versorgungsgebiete und
Anlagenteile ohne besondere Rückwirkungen bleiben.

Die Bemessung der in den Eigenbedarfsabzweigen liegenden Kurzschlußdrosselspulen darf aber nicht mehr allein nach dem Kurzschlußstrom der Hausanlage erfolgen, sondern es muß auch darauf Rücksicht genommen werden, daß bei Pendelungen der einzelnen Maschinengruppen durch diese Drosselspulen genügend starke synchronisierende Kräfte übertragen werden müssen, um einen stabilen Parallelbetrieb der einzelnen Gruppen zu erhalten. Bei Pendelungen, die durch Überlastung oder plötzliche Schaltungen eingeleitet werden können, dürfen die einzelnen Maschinengruppen nicht auseinanderfallen [1]).

Abb. 16 zeigt den Anschluß und die Schaltung einer Eigenbedarfsanlage, wie sie z. B. für amerikanische Kraftwerke charakteristisch ist. Die Hauptsammelschienen des Werkes sind durch Drosselspulen getrennt, Kurzschlüsse auf der einen Seite werden sich nur gedämpft auf die andere Sammelschienenhälfte übertragen. Der Eigenbedarf des Werkes wird durch 4 Haustransformatoren, wovon zwei an jeder Sammelschienenhälfte liegen, versorgt. Die Eigenbedarfssammelschienen sind durch Ölschalter, die im normalen Betrieb offen sind, getrennt. Zwei der Haustransformatoren können auch unter Umgehung der Hauptsammelschienen des Werkes direkt mit einem fremden Kraftwerk verbunden werden. Die Umschaltungen der einzelnen Abzweige sowohl an den Haupt- als auch Eigenbedarfsschienen werden nicht durch Trennschalter, sondern durch Ölschalter vorgenommen. In dem Schaltbild ist angedeutet, welche Ölschalter im normalen Betrieb offen und welche eingeschaltet sind. Die beiden Hälften der Eigenbedarfssammelschienen arbeiten auch nicht über die beiden Kesselhäuser parallel, sondern der Betrieb wird auch hier an Doppelschienen vollkommen getrennt geführt. Die Unterverteilungen in den Kesselhäusern haben doppelte Schienensysteme, die getrennt gefahren werden. Die Hilfsbetriebe der Kesselgruppen eines Kesselhauses sind an verschiedenen Schienen angeschlossen; eine Störung in einem Teil der Eigenbedarfsversorgung kann sich daher immer nur in einem Teil des Kesselhausbetriebes bemerkbar machen.

Bei einer solchen Anordnung wird die Kurzschlußbeanspruchung der ganzen Eigenbedarfsverteilung bedeutend herabgesetzt und gleichzeitig erreicht, daß sich eine Spannungsabsenkung in der Hauptanlage nur in einem Teil der Eigenbedarfsversorgung bemerkbar machen kann.

Eine andere Schaltung zeigt Abb. 17. Die Haustransformatoren werden auch hier an der Eigenbedarfssammelschiene nicht parallel geschaltet, sondern versorgen entweder vollkommen getrennte Teile des Eigenbedarfes oder arbeiten erst über die Unterstationen bzw. Ver-

---

[1]) Peters, Wilhelm: Parallelbetrieb von Kraftwerken über Koppelleitungen. ETZ 1926. Seite 917 ff.

teilungsstellen parallel. Bei dieser Anordnung wird der in der Eigenanlage mögliche maximale Kurzschlußstrom niedriger sein als bei der
Schaltung nach Abb. 6. Der Reservetransformator kann bei Ausfallen

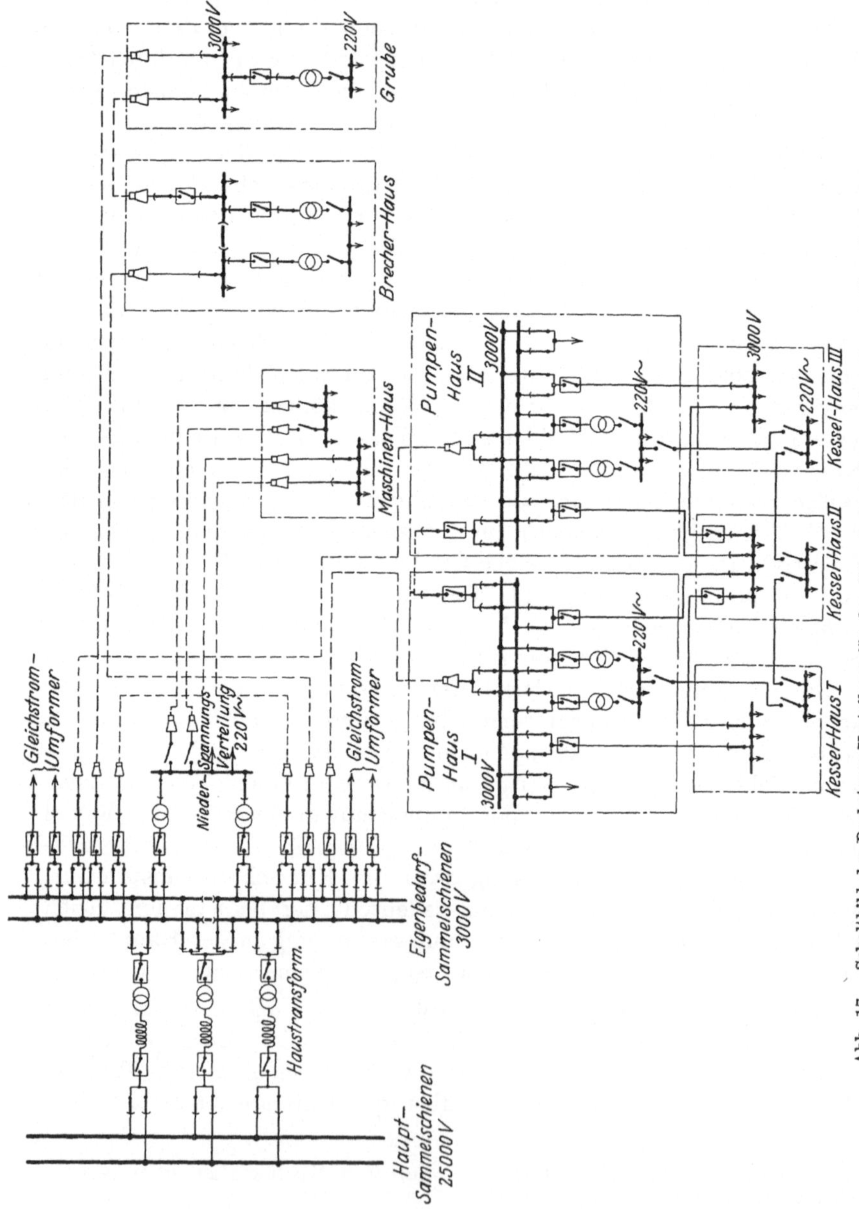

Abb. 17. Schaltbild der Drehstrom-Verteilung für den Eigenbedarf eines großen Braunkohlen-Kraftwerkes.

einer der beiden Haustransformatoren je nach Bedarf auf die eine oder andere Schienenhälfte geschaltet werden.

Wie schon aus den Schaltbildern Abb. 16 und 17 zu ersehen ist, wird in großen Kraftwerken die Verteilung der umfangreichen Hausanlage nicht mehr an einer Stelle vorgenommen, sondern es werden in den Belastungsschwerpunkten des Werkes verschiedene Unterverteilungen vorgesehen, die mit den Eigenbedarfshauptschienen verbunden sind. Solche Unterverteilungen ergeben sich in den Kessel- und Pumpenhäusern, in der Kohlenaufbereitung und unter Umständen auch in den Kondensationsanlagen. Je nach der örtlichen Lage der mit Hochspannung zu versorgenden Eigenbedarfsmotoren werden diese dann von den einzelnen Verteilungsstellen aus gespeist.

Damit die Unterverteilungen bei Betriebsstörungen oder Defekten nicht spannungslos werden, müssen die einzelnen Verteilungen immer mehrere, mindestens aber zwei möglichst voneinander unabhängige Stromzufuhrmöglichkeiten erhalten. Wird die Hausversorgung zur Herabsetzung der Kurzschlußströme vertikal getrennt betrieben, so muß in den Verteilungsstellen durch entsprechende Verriegelung dafür gesorgt werden, daß ein versehentliches Parallelschalten in den Unterverteilungen nicht möglich ist. Solche Verriegelungen sind ganz besonders wichtig, wenn ein Teil des Hausbedarfes durch Haus- oder Hilfsgeneratoren, die mit der Hauptanlage nicht parallel geschaltet sind, der andere Teil aber durch Haustransformatoren von der Hauptanlage gespeist wird.

Da die Sammelschienen, als der Ausgangspunkt aller stromzu- und abführenden Abzweige, den wichtigsten Teil der Energieverteilung darstellen, sollten nicht nur die Eigenbedarfshauptschienen, sondern auch die Sammelschienen in den wichtigeren Unterverteilungen stets als Doppelsammelschienen möglichst noch mit Unterteilungen ausgebildet werden. Bei Revisionen oder Störungen eines Teiles kann der Betrieb dann immer von den anderen Systemen weiterversorgt werden. Da sich in den Eigenbedarfsanlagen eines Kraftwerkes erfahrungsgemäß sehr viele Erweiterungs- und Änderungsarbeiten ergeben, sollte mit Doppelsammelschienen nicht gespart werden.

Wenn auch durch den Anschluß der größeren Motoren an Hochspannung für die Niederspannungsversorgung nur noch die kleineren Motoren übrigbleiben, sind die Entfernungen in großen Kraftwerken doch zu groß, als daß eine zentrale Niederspannungsverteilung möglich wäre, ganz abgesehen davon, daß in vielen Fällen auch Betriebsgründe dagegen sprechen würden. In den Belastungsschwerpunkten, die ja gewöhnlich mit denen der Hochspannung zusammenfallen, werden daher für die Niederspannungsverteilung kleine Transformatorstationen

(Abb. 18) eingebaut, die an den nächsten Hochspannungsspeisepunkt angeschlossen werden. Aus Sicherheitsgründen erhalten auch die Niederspannungsschienen der einzelnen Unterstationen gewöhnlich noch gegenseitige Verbindungen, die im normalen Betrieb geschlossen oder auch nur eine Reserve sein können.

Kesselhäuser, in denen für betriebswichtige Motoren Gleichstrom gewählt werden mußte, erhalten, wie in Abb. 16 dargestellt, noch eine vollkommen getrennte Energieverteilung für Gleichstrom. Ergeben sich im Eigenbedarfsnetz mehrere solcher Gleichstrom-Verteilungen, so gelten für deren Versorgung und Verbindung untereinander dieselben Gesichtspunkte wie bei Drehstrom.

Abb. 18. Transformator-Station für eine Niederspannungs-Verteilung
im Hausnetz eines Kraftwerkes.

Zur Erleichterung der Bedienung und zur Vermeidung von Fehlschaltungen ist es sehr zweckmäßig, wenn bei jeder Verteilungsanlage, gleichgültig ob Hochspannung oder Niederspannung, ein deutliches Schaltbild in einem Rahmen unter Glas aufgehängt wird. Es ist dann natürlich notwendig, daß bei einer Änderung oder Erweiterung der Verteilung auch das Schaltbild richtiggestellt oder ganz umgezeichnet wird.

b) Haustransformatoren.

Bei der außerordentlich großen Wichtigkeit der Haustransformatoren für die Versorgung des Eigenbedarfs des gesamten Kraftwerkes sind an die Betriebs- und Kurzschlußsicherheit dieser Transformatoren dieselben Anforderungen zu stellen wie an die Transformatoren der Hauptanlage.

Die Erkenntnis, daß ein Defekt an einem Haustransformator die Zuverlässigkeit der Stromlieferung eines Kraftwerkes unter Umständen mehr in Frage stellen kann als eine Störung an einem der Haupttransformatoren, ist leider noch nicht allgemein. Elektrizitätswerke, die an ihren eigenen Erfahrungen gelernt haben, legen aber auf den Schutz ihrer Haustransformatoren mindestens denselben Wert wie auf den Schutz der Transformatoren in der Hauptanlage.

Ein plötzliches und unvorhergesehenes Abschalten sämtlicher Haustransformatoren, wie es bei schlechter Disposition des Überstromschutzes z. B. durch eine vorübergehende Überlastung oder einen Kurzschluß in der Hausverteilung wohl möglich ist, bedeutet für ein Kraftwerk eine Störung, die in ihren Folgen oft nicht zu übersehen ist. Aber auch schon das Ausfallen eines der Haustransformatoren kann unter Umständen für die Betriebsführung unangenehmere Folgen haben als das Abschalten eines Haupttransformators. Die Schutzeinrichtungen für die Haustransformatoren müssen daher so projektiert werden, daß die Transformatoren bei Störungen in der Eigenbedarfsanlage unter allen Umständen im Betrieb bleiben und nur bei eigenen Defekten oder bei längeren hohen Überlastungen, die die Transformatoren gefährden, abgeschaltet werden.

Schutzeinrichtungen, die einen beginnenden Fehler im Transformator vor der selbsttätigen Abschaltung anzeigen, ist der Vorzug zu geben, weil es dadurch der Betriebsführung möglich gemacht wird, vorher einen Reservetransformator einzuschalten und dann den als fehlerhaft gemeldeten Transformator aus dem Betrieb zu nehmen.

Bei der außerordentlichen Wichtigkeit der Haustransformatoren ist deren Betriebsüberwachung durch fortlaufende Kontrolle der Öltemperatur und evtl. auch des Ölstandes notwendig. Diese Kontrolle wird sehr leicht dadurch ermöglicht, daß man die Haustransformatoren mit an die Temperaturfernmeß- und Gefahrmeldeeinrichtung des Kraftwerkes anschließt und die Messung laufend mit in das Betriebsbuch eintragen läßt. Die Messung der Öltemperatur, verbunden mit dem Ablesen der Strommesser durch den Schalttafelwärter, bildet eine sehr wertvolle Ergänzung des Schutzes der Transformatoren gegen unzulässige Überlastung. Bei einer solchen Fernüberwachung kann der Überstromschutz auf der Oberspannungsseite der Transformatoren sehr hoch eingestellt werden, so daß die Transformatoren nur in den seltensten Fällen ausfallen werden.

Die Preise der bisher bekannten Fehlerschutzsysteme für Transformatoren lagen im Verhältnis zum Wert eines Haustransformators aber sehr hoch, so daß viele Kraftwerke wohl hauptsächlich aus diesem

Grunde Schutzeinrichtungen nur für die Haupttransformatoren wählten, die Haustransformatoren aber aus falscher Sparsamkeit nur mit normalem Überstromschutz ausrüsteten. In dem Buchholzschutz, Abb. 19, ist aber jetzt ein billiger Apparat auf den Markt gekommen, der sich sehr gut als Überwachungsapparat auch der kleinsten Transformatoren eignet.

Abb. 19. Buchholzschutz für 2″ und 3″ Rohranschluß, bestimmt für Transformatoren mit getrennt liegendem Ölkonservator.

Der Buchholzschutz nutzt die Tatsache aus, daß sich Fehler im Transformator schon im Entstehungsstadium sofort durch gasförmige Zersetzungsprodukte bemerkbar machen, die in Form von Gasblasen im Öl aufsteigen. Je nach Art und Umfang der Beschädigung ist die Gasentwicklung langsam oder stürmisch und stoßweise. Eine langsame Gasentwicklung läßt auf einen beginnenden Fehler schließen, und der Buchholzschutzapparat ist nun so eingerichtet, daß er bei langsamer Gasentwicklung nur ein Alarmsignal betätigt. Der Transformator kann dann rechtzeitig abgeschaltet und so eine weitere Ausbreitung des Fehlers verhindert werden. Bei starker Gasentwicklung muß ein schwerer Schaden im

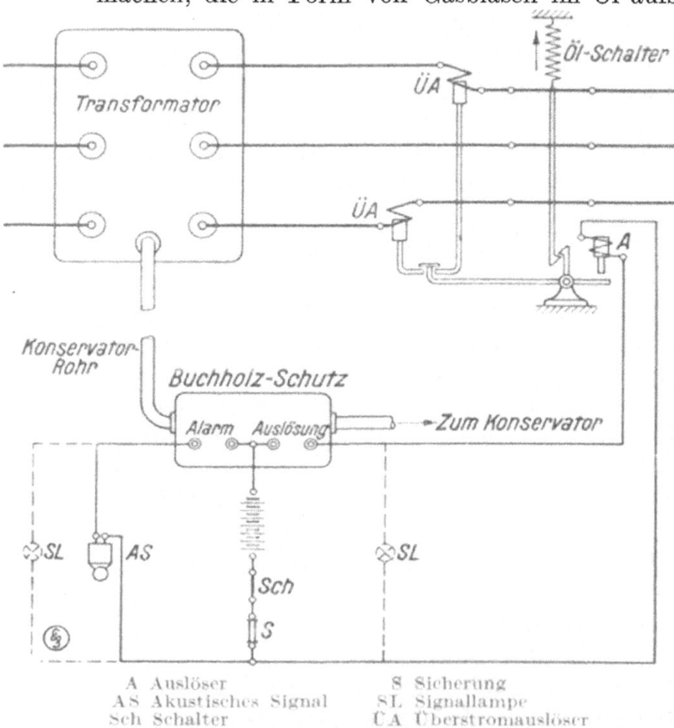

A Auslöser
AS Akustisches Signal
Sch Schalter
S Sicherung
SL Signallampe
CA Überstromauslöser

Abb. 20. Schematische Darstellung des Anschlusses des Buchholzschutzapparates an Signalleitungen oder Schalter-Relais.

Transformator vorhanden sein, und der Buchholzschutz schaltet dann, wie aus Abb. 20 zu ersehen ist, den Transformator ab. In beiden Fällen wird die Beseitigung des Fehlers mit einfachen Mitteln möglich sein und die Instandsetzungskosten, vor allen Dingen aber die Dauer der Reparatur, einen wesentlich geringeren Umfang haben. Der Apparat spricht auch an, wenn der Ölstand unter die vorgeschriebene Höhe gesunken ist.

Die Schließungskontakte des Buchholzschutzapparates sind so bemessen, daß sie, wie das Schaltbild zeigt, direkt auf die Auslösespule des Ölschalters arbeiten können.

Abb. 21. Haustransformator mit Buchholzschutz.

Der Buchholzschutz schafft also die Möglichkeit, Transformatorstörungen schon in der Entstehung zu fassen, und eignet sich daher ganz besonders auch für die notwendige Überwachung der Haustransformatoren. Abb. 21 zeigt den Einbau eines Buchholzschutzapparates in einen Transformator von 800 kVA.

c) Schaltanlagen.

Die Eigenbedarfsschaltanlage bildet einen wesentlichen Bestandteil der ganzen Schaltanlage des Kraftwerkes; sie kann nur im Zusammenhang mit dieser sachgemäß und für die Bedienung bequem zugänglich und übersichtlich entworfen werden. Für den Aufbau der Eigenbedarfsschaltanlage gelten dieselben Gesichtspunkte und Grundsätze wie für die Hauptanlage.

Die Hochspannungszellen der Eigenbedarfshauptverteilung werden zweckmäßig in einem besonderen Anbau an die Hauptschaltanlage und womöglich nicht innerhalb dieser angeordnet. Der Ölschalterbedienungsgang wird dabei nach Möglichkeit mit dem der Hauptschaltanlage auf gleiche Stockwerkshöhe und in bequeme Verbindung gebracht und dadurch das Bedienen und die Übersicht der Anlage erleichtert.

Für die Niederspannungsverteilung werden in der Regel zwei getrennte Schalttafeln für die Drehstrom- und die Gleichstromverteilung vorgesehen. Je nach der Anordnung der Anlage können die beiden Schalttafeln in einem Raum stehen oder getrennt angeordnet werden.

Abb. 22. Die Verteilungsanlagen der Hilfsgeneratoren
im Maschinenhaus des Kraftwerkes Peoria.

Oft werden auch die Drehstromschalttafeln in der Nähe der Haustransformatoren und der zugehörigen Hochspannungszellen, die Gleichstromverteilungstafeln in der Nähe der Betätigungsbatterie und der Ladeumformer aufgestellt.

Sind in einem Kraftwerk (Abb. 10, 25, 26) direkt mit den Hauptmaschinen gekuppelte Hilfsgeneratoren vorhanden, so ist es unter Umständen zweckmäßig, die Verteilungsanlagen für diese Hilfsgeneratoren, wie Abb. 22 zeigt[1]), direkt in das Maschinenhaus zu setzen. Man spart dadurch an Verbindungsleitungen und gibt die Verantwortung für die Schaltung der unmittelbar zu der betreffenden Turbineneinheit gehörenden motorischen Antriebe dem Maschinenwärter der Hauptturbine. Die Verteilungsanlagen solcher Hilfsgeneratoren

---

[1]) Von Herrn Dipl.-Ing. E. Schulz, Obering. der Bewag, zur Verfügung gestellt.

werden zur gegenseitigen Reserve gewöhnlich untereinander verbunden; sie erhalten außerdem noch einen Reserveanschluß zur Eigenbedarfsschiene des Werkes, die durch Haustransformatoren von der Hauptanlage versorgt wird.

Die Unterverteilungen in der Hausanlage müssen vielfach in staubigen und feuchten Räumen untergebracht werden; man verwendet daher sowohl für die Hochspannungs- als auch Niederspannungs-Verteilungen in der Hausanlage zweckmäßig gekapseltes Schaltmaterial. Diese Schaltkästen sind sowohl für Einzelaufstellung als auch zum Zusammenbau in Gruppen geeignet und können wie jede offene Hochspannungsschaltanlage auch mit Meßwandlern für Strom- und Spannungsmessung, Sekundärauslösung und Zählung ausgerüstet werden.

Abb. 23. Gekapselte Hochspannungs-Verteilungsanlage.

Wie aus den Schaltbildern (Abb. 16 und 17) zu ersehen ist, können die Hochspannungs-Unterverteilungen schon bei Kraftwerken mittlerer Größe ziemlich umfangreich werden, so daß unbedingt schon beim ersten Entwurf des Kraftwerkes auf den Einbau der Verteilungen Rücksicht genommen werden muß.

Die gekapselten Schalt- und Verteilungsanlagen machen es möglich, die verschiedenen Unterstationen und Verteilungsstellen in sehr einfacher und raumsparender Weise direkt in die Betriebsräume zu setzen. Die Betriebssicherheit und Übersichtlichkeit der Hilfsbetriebe wird dadurch bei geringstem Platzbedarf erhöht.

Abb. 23 zeigt eine gekapselte Hochspannungs-Verteilungsanlage, wie sie für die Verteilungsstellen in der Hausanlage zur Verwendung kommen. Für die Aufstellung solcher Verteilungen wird wenig Platz beansprucht, da der bei der offenen Zellenanordnung notwendige hintere Bedienungs_ gang wegfällt. Im unteren Teil der Kästen befinden sich die End_ verschlüsse der ankommenden Kabel, welche direkt an die im Boden der Ölschalterkästen eingebauten Durchführungen angeschlossen werden. Die Ölschalter werden in der Regel mit direkt im Hauptstromkreis liegenden Primärauslösern versehen. Wird Sekundärauslösung gewählt, so werden die notwendigen Wandler im Innern der Kästen und die Relais, ebenso wie die etwa noch vorzusehenden Zähler und Instrumente, in besondere Abdeckhauben eingelassen.

Die Hochspannungs-Verteilungsanlagen in den Kesselhäusern moderner Großkraftwerke nehmen, namentlich wenn Kohlenstaubfeuerung und künstlicher Zug in Frage kommt, einen derartigen Umfang an, daß es oft richtiger und billiger ist, die Verteilungsanlagen nicht mehr in Form einer gekapselten Anlage in das Kesselhaus zu stellen, sondern die Schaltapparate für die Stromzufuhr und Verteilung in offener Zellenanordnung in einem vom Kesselhaus vollkommen getrennten Raum unterzubringen.

Die große Ausdehnung der Kesselhäuser und die große Anzahl der motorischen Antriebe, die öfter an- und abgestellt werden, läßt es oft auch notwendig erscheinen, die Bedienung der Motoren an einer Stelle zusammenzufassen. Die Ständerschalter der Motoren werden dann entweder von besonderen Kesselpulten oder von einer für das ganze Kesselhaus gemeinsamen Kommandobühne gesteuert, müssen also, wie die Anlasser, elektrische Fernantriebe erhalten. Die Ständerschalter werden dann zweckmäßig auch nicht mehr in gekapselter Ausführung in der Nähe der Motoren aufgestellt, sondern als normale Schalter in dem Schaltraum des Kesselhauses untergebracht.

Die zur Sicherstellung der Stromversorgung des Kesselhauses notwendigen Doppelsammelschienen und evtl. Verriegelungen der Speiseleitungen können in einer offenen Zellenanordnung viel übersichtlicher, betriebssicherer und billiger ausgeführt werden als in einer gekapselten Verteilungsanlage. Die Sammelschienen einer solchen Kesselhausverteilung können, wenn notwendig, auch durch Kurzschlußdrosseln getrennt werden. Die Abzweige für die kleineren Motoren im Kesselhaus werden dann auf der einen durch die Kurzschlußdrosseln geschützten Schienenhälfte zusammengefaßt, während die größeren Motoren an der anderen Schienenhälfte, an welcher die Stromzuführungen liegen, angeschlossen sind.

Die zweckmäßigste Anordnung einer solchen Hochspannungs-Verteilungsanlage ist natürlich auch von der Art der Betriebsführung des Kesselhauses abhängig und muß bei der Projektierung eines Werkes von Fall zu Fall festgestellt werden.

In manchen Fällen wird auch in den übrigen Unterverteilungen der Hausanlage, z. B. in dem Mahlhaus für Kohlenstaub, so viel Platz zur Verfügung stehen, daß in den verschiedenen Stockwerken des

Mahlhauses die Verteilungsanlagen sowie die Ständerschalter und Anlasser der dort aufgestellten Motoren in einer offenen Zellenanordnung in einem besonders abgetrennten Raum untergebracht werden können. Die Antriebe für die Ölschalter und Anlasser, die Stromzeiger usw. können in die Wand eingelassen werden, so daß der Apparateraum selbst nur zur Revision betreten werden muß. Allerdings ist es dann notwendig, die Eingangstür zu diesem Raum besonders gut abzudichten, um eine Verstaubung der Isolatoren der Hochspannungsapparate und der sonstigen elektrischen Einrichtungen zu vermeiden.

Wie in Abschnitt II gezeigt wurde, können sich in der Hausanlage großer Kraftwerke trotz aller Schutzmaßnahmen sehr hohe Kurzschlußströme ergeben, die von den gebräuchlichen Ölschaltkästen oft nicht mehr bewältigt werden können. Wenn in solchen Fällen gekapselte Verteilungsanlagen beibehalten werden sollen, ergeben sich schwere und teuere gußgekapselte Konstruktionen mit Ölschaltern höherer Schaltleistung oder Verteilungen mit Schaltwagen Abb. 24.

In solchen Fällen wird es oft vorzuziehen sein, besondere Räume vorzusehen, in denen die Apparate für die Verteilungen, wie oben beschrieben, in offener Zellenanordnung eingebaut werden können.

Abb. 24. Schaltwagen, herausgefahren, von vorn gesehen.

V. Hausgeneratoren für Dampfkraftwerke.

a) Unabhängige Hausturbine.

Im Abschnitt II sind die Störungen, die sich in Kraftwerken, deren Eigenbedarfsanlage durch Haustransformatoren gespeist wird, einstellen können, ausführlich beschrieben. Es wurde gezeigt, daß durch Vorschalten von Kurzschlußdrosselspulen vor die Haustransformatoren, die Eigenbedarfsanlage zwar gegen die Wirkungen zu hoher Kurzschlußströme in der Regel geschützt werden kann, daß sich aber die bei einer Störung in der Hauptanlage gewöhnlich eintretende Spannungsabsenkung auf die Eigenbedarfsanlage überträgt und dadurch in hohem Maße zu einer Gefährdung des Betriebes führen kann.

Diese Schwierigkeiten sind sofort behoben, wenn die Eigenanlage durch eine besondere Stromquelle, in Form eines Hausgenerators, versorgt und dadurch von dem Betrieb und den Störungen der Hauptanlage elektrisch vollkommen unabhängig gemacht wird.

Ob nun die Hausgeneratoren besondere Dampfturbinenantriebe erhalten, oder mit den Hauptmaschinensätzen direkt gekuppelt werden, ist für den Sicherheitsgrad des angeschlossenen Teiles der Hausversorgung so lange ohne Bedeutung, als auf ein direktes elektrisches Parallelarbeiten der Hausgeneratoren mit der Hauptanlage verzichtet wird. Ist die Hausanlage zweckentsprechend projektiert und wird bei der Auswahl der Apparate und Motoren auf richtige Ausführung, gutes Material und richtige Montage gesehen, so ist die Möglichkeit von Störungen, gute Wartung und Überwachung vorausgesetzt, auf ein denkbar kleines Maß herabgedrückt und beschränkt sich nur auf Vorkommnisse in der im Vergleich zum Versorgungsgebiet der Hauptanlage sehr kleinen Eigenanlage des Kraftwerkes.

Bei Beurteilung des Sicherheitsgrades der elektrischen Antriebe bei Versorgung durch Hausgeneratoren darf nicht vergessen werden, daß vor allem auch die Störungen in der Stromzufuhr durch atmosphärische Einwirkungen (Überspannungen, Schäden durch Gewitter, Windschäden), die in der Überlandversorgung immer noch eine große Rolle spielen, für die Eigenbedarfsversorgung vollkommen wegfallen. Hauptsächlich aus diesem Grunde sollte man grundsätzlich davon absehen, an die Eigenstromerzeugeranlage auch noch einen kleineren Netzteil in der Umgebung des Kraftwerkes mit anzuschließen. Störungen der ganzen Eigenbedarfsversorgung durch äußere Einflüsse sind dann so gut wie ausgeschlossen; es erübrigt sich damit auch der Einbau irgendwelcher Überspannungsschutzeinrichtungen.

Die Zuverlässigkeit der motorischen Antriebe in Kraftwerken mit besonderen Hausgeneratoren ist wohl ebenso hoch anzusehen wie bei Hilfsturbinenantrieben, vorausgesetzt, daß für die Hausgeneratoren eine 100 prozentige Reserve vorhanden ist. In einem solchen Kraftwerk wird man sich daher beim Einbau von Reservehilfsturbinen auf die allernotwendigsten Fälle beschränken können und als einzige Hilfsantriebe, für die dann das Prinzip der doppelten Kraftquelle noch beibehalten werden muß, bleiben nur noch die Kesselspeisepumpen.

Als wichtigste Vorteile der Versorgung des Eigenbedarfes durch Hausgeneratoren wären zu nennen:

1. Die Betriebssicherheit und Betriebsbereitschaft des Werkes wird ganz bedeutend erhöht.

2. Die Anlaufzeit der ganzen Hilfseinrichtungen des Kraftwerkes und auch der großen Hauptmaschinensätze wird sehr abgekürzt.

3. Die Erzeugungskosten der Eigenbedarfsenergie werden niedriger als bei Verwendung mehrerer kleiner Hilfsturbinenantriebe.

4. Verminderung der Abkühlungs-, Strahlungs- und Undichtigkeitsverluste, die bei Anwendung vieler kleiner Hilfsturbinen unvermeidbar sind.

5. Ersparnis an Bedienungspersonal, Putz- und Schmiermaterial.

6. Die Kurzschlußbeanspruchung der ganzen Eigenbedarfsanlage wird nur einen Bruchteil des Wertes, der sich bei Versorgung durch Haustransformatoren ergibt.

Allerdings müssen diese großen Vorteile durch die Erstellungskosten der Hausturbinensätze erkauft werden. Auch die Erzeugungskosten der im Hausbedarf verbrauchten Kilowattstunden werden bei Versorgung durch Haustransformatoren wegen des höheren Wirkungsgrades der Hauptmaschinensätze des Kraftwerkes, trotz der Umformung durch die Transformatoren, niedriger sein als bei getrennter Erzeugung in den Hausturbinen. Bei den für Großkraftwerke notwendigen hohen Eigenbedarfsleistungen werden aber die Stromerzeugungskosten der Hausturbinen denen der Hauptmaschinen nicht viel nachstehen, und der Unterschied wird durch den Vorteil größerer Betriebssicherheit ausgeglichen.

Wenn die durch das Vorhandensein von Hausturbinen gegebenen Vorteile bei der Planung eines Kraftwerkes in der richtigen Reihenfolge: Betriebssicherheit, Wirtschaftlichkeit und Anschaffungskosten bewertet werden, so wird man sich in den meisten Fällen zur Aufstellung von zwei Hausmaschinensätzen, von denen jeder zur Deckung der vollen Eigenbedarfsleistung des Kraftwerkes ausreicht, entscheiden. Bei richtiger Auswertung der durch Einbau von Hausturbinen gewonnenen Vorteile können die Anlagekosten der Hausaggregate an anderen Stellen, z. B. durch Wegfall vieler Hilfsturbinenantriebe, zum größten Teil wieder eingespart werden.

In manchen amerikanischen Kraftwerken wurde z. B., abgesehen von den höheren Anschaffungskosten, die Wirtschaftlichkeit der Hausmaschinensätze gegenüber der Betriebssicherheit auch noch dadurch in den Hintergrund gesetzt, daß man die Hausturbinen bzw. -generatoren absichtlich überdimensionierte, um in der geringen Ausnutzung des Materials noch einen Faktor für eine Erhöhung der Betriebssicherheit zu erhalten. Solche Hausmaschinensätze laufen im normalen Betrieb nur teilbelastet.

Daß kleinere und mittlere Elektrizitätswerke schwer für die Aufstellung solcher Hausgeneratoren zu haben sind, liegt, abgesehen von den Anschaffungskosten, mit daran, daß die Hausturbinen bei solchen Werken sehr klein werden und daher unwirtschaftlich arbeiten. Bei großen Kraftwerken werden für die Hausmaschinensätze aber schon

Leistungen notwendig, die sehr wirtschaftlich arbeitende Turbinen ergeben.

Im Durchschnitt kann bei der Planung der Eigenbedarfsanlage großer Kraftwerke mit folgenden Werten gerechnet werden:

Steinkohlenkraftwerk mit Rostfeuerung
       etwa 3—4 vH der größten erzeugten Dauerleistung,
Steinkohlenkraftwerk mit Staubfeuerung
       etwa 6—7 vH der größten erzeugten Dauerleistung,
Braunkohlenkraftwerk mit Rostfeuerung
       etwa 4—5 vH der größten erzeugten Dauerleistung,
Braunkohlenkraftwerk mit Staubfeuerung
       etwa 7—8 vH der größten erzeugten Dauerleistung.

Diese Werte geben den ungefähren Leistungsbedarf der in den Eigenbedarfsanlagen der verschiedenen Kraftwerke installierten Motoren ausschließlich der Reservehilfsturbinen. Da ein sehr großer Teil der Eigenbedarfsleistung für die Bekohlung und die Nebenbetriebsanlagen des Kesselhauses gebraucht wird, werden sich die angegebenen vH-Sätze in erster Linie mit der Disposition des Kesselhauses ändern. Die Eigenbedarfsleistung eines Braunkohlenkraftwerkes wird, abgesehen von dem Bedarf der Grube (Bagger, Lokomotiven usw.), hauptsächlich davon abhängen, ob mit dem Braunkohlenkraftwerk auch eine Brikettfabrik verbunden ist. In diesem Falle können die oben angegebenen Werte je nach den örtlichen Verhältnissen eine ganz bedeutende Erhöhung erfahren.

In dem Buch „Die Schaltungsarten der Haus- und Hilfsturbinen" von Dr.-Ing. Herbert Melan, Verlag Julius Springer, sind auf S. 6 und 7 die anteiligen Leistungsbeträge der verschiedenen Hilfsmaschinen für ein Braunkohlen- und ein Steinkohlenkraftwerk mit Kohlenstaubfeuerung zusammengestellt.

Da verschiedene maschinelle Einrichtungen einen zeitweise unterbrochenen Betrieb aufweisen, muß bei der Bestimmung der Größe der Hausturbinen noch ein Gleichzeitigkeitsfaktor, welcher je nach der Disposition der maschinellen Einrichtungen des Kraftwerkes zwischen etwa 0,75 und 0,85 schwanken wird, berücksichtigt werden.

Für ein Steinkohlenkraftwerk von z. B. 150000 kVA Maschinenleistung mit Rostfeuerung ergibt sich nach obigen Daten für den Hausgenerator eine Leistung von etwa 5000 kVA. Für dieselbe Leistung müßten bei Versorgung des Eigenbedarfes von der Hauptanlage auch die Haustransformatoren vorgesehen werden. Angenommen die Reaktanz dieser Haustransformatoren einschließlich der vorgeschalteten Kurzschlußdrosselspulen wäre 12 vH, dann müßten die Apparate und Leitungen in der Eigenbedarfsanlage immer noch für eine Kurzschlußleistung von etwa 50000 kVA bemessen werden. Bei Versorgung durch Hausturbinen würde dieselbe Anlage nur mit der Kurzschlußleistung eines Hausgenerators, also mit etwa 10000 kVA, das ist 20 vH des früheren Wertes, beansprucht werden. Im quadratischen Verhältnis sinken die mechanischen und thermischen Kurzschlußbeanspruchungen des ganzen Hausnetzes. In einem solchen Betriebe werden daher Störungen, die auf Kurzschlußschäden zurückzuführen sind, sehr selten sein.

Bei den vorstehenden Ausführungen ist angenommen, daß die gesamte Eigenbedarfsleistung in besonderen Hausmaschinensätzen, die von der Hauptanlage vollständig getrennt betrieben werden, erzeugt wird. In der amerikanischen Praxis sind auch noch Anordnungen gebräuchlich, bei welchen die Hauptmaschinensätze mit kleinen Hilfs-

Abb. 25. Hauptmaschinen mit direkt gekuppelten Hilfsgeneratoren
im Kraftwerk Peoria.

generatoren direkt gekuppelt sind. Infolge des günstigeren Dampfverbrauchs der Hauptturbinen wird durch solche direkt gekuppelten Hilfsgeneratoren die notwendige Eigenbedarfsleistung des Kraftwerkes billiger erzeugt werden können als durch besondere Hausturbinen. Abb. 25[1]) zeigt eine solche Anordnung im Kraftwerk „Peoria". Jeder Generatorsatz hat an seinem Ende einen Hausgenerator, dessen Verteilungsanlage (s. Abb. 22) direkt an der Maschinenhauswand angeordnet ist.

Um einen Überblick über die Größenverhältnisse einer solchen Maschinengruppe zu geben, ist in Abb. 26 ein Maschinensatz für 30 000 kW mit einem direkt gekuppelten kleinen Hilfsgenerator von etwa 1500 kW dargestellt.

Solche Hilfsgeneratoren versorgen in der Regel die Hilfsmaschinen der zugehörigen Hauptmaschinen und Kesselgruppen. Der Betrieb dieser

---

[1]) Von Herrn Dipl.-Ing. E. Schulz, Obering. der Bewag, zur Verfügung gestellt.

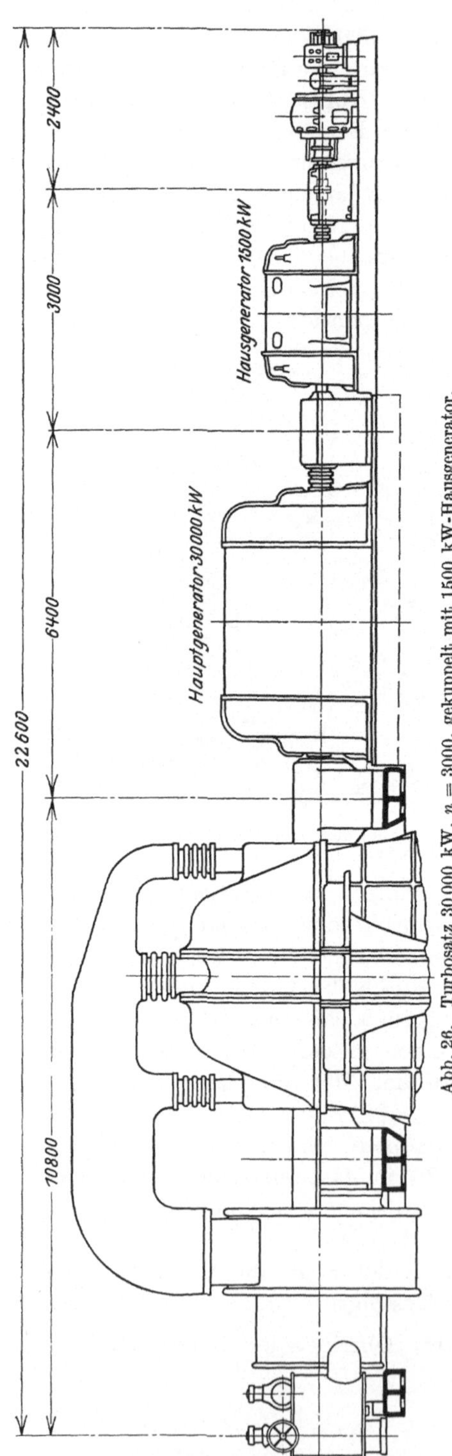

Abb. 26. Turbosatz 30 000 kW, $n = 3000$, gekuppelt mit 1500 kW-Hausgenerator.

Einrichtung wird dann von den Vorgängen in der Hauptanlage nicht beeinflußt. Ob die Erregermaschinen für solche Maschinensätze direkt gekuppelt oder besondere Erregerumformer vorgesehen werden, ist mehr eine konstruktive Frage und davon abhängig, ob bei direkter Kupplung ein einwandfrei ruhiger Lauf des Erregersatzes erzielt werden kann. Da sich bei direkt gekuppelten Erregermaschinen eine einfachere Betriebsführung ergibt, empfiehlt es sich, wenigstens die kleine Erregermaschine des Hilfsgenerators mit dem Hauptmaschinensatz zu kuppeln. Werden Erregerumformer gewählt, so dürfen deren Antriebsmotoren nicht von der Hauptanlage, sondern von den Hilfsgeneratoren versorgt werden, weil sonst die Gefahr besteht, daß die Umformer bei Störungen in der Hauptanlage ausfallen.

Die Sammelschienen dieser einzelnen Hilfsgeneratoren werden zweckmäßig untereinander zur gegenseitigen Reserve verbunden, so daß die Hilfssammelschiene eines jeden Generators auch von einem anderen Maschinensatz aus versorgt werden kann (s. Abb. 10). Will man bei Verwendung solcher direkt gekuppelten Hilfsgeneratoren den Einbau von Hilfsturbinen zum Anlassen der Hauptmaschinensätze bzw. zur Inbetriebsetzung des Werkes vermeiden, so muß noch ein kleiner, durch eine besondere Turbine getriebener Hausgenerator als

Anlaßgenerator vorgesehen werden. In Kraftwerken, in denen noch Hauptmaschinen kleinerer Leistung vorhanden sind, die auf Auspuff anfahren können, oder in Kraftwerken, die mit anderen fremden Werken parallel arbeiten, können besondere Anlaßgeneratoren und auch Hilfsturbinenantriebe zum Anlassen der Hauptmaschinensätze entbehrt werden.

Bei Verwendung solcher Hilfsgeneratoren ist darauf zu achten, daß diese mit den Hauptmaschinen so gekuppelt werden, daß die Spannungsvektoren der Hilfs- und Hauptgeneratoren in Richtung und Phase übereinstimmen, weil sich sonst unangenehme Betriebsfälle ergeben können. Besteht zwischen den Maschinen von Haus aus Phasengleichheit, so kann man die Hilfsgeneratorschienen jederzeit nach einfachem Spannungsvergleich ohne besondere Synchronisierung und ohne Betriebsunterbrechung mit der Haustransformatorenschiene, die von der Hauptanlage versorgt wird, verbinden. Wenn zum Anfahren der Hauptmaschinen in der Kondensation keine Hilfsturbinenantriebe vorgesehen wurden, werden sich solche Umschaltungen bei jedem Anlaßvorgang der Hauptmaschinen und auch dann ergeben, wenn der eine oder andere Hilfsgenerator wegen irgendeiner Störung abgeschaltet werden muß. Besteht Phasengleichheit, so kann man in einem solchen Falle zuerst den Verbindungsschalter zur Haustransformatorschiene einlegen und dann den Hilfsgenerator abschalten. Die Umschaltung geht also ohne Betriebsunterbrechung für die angeschlossenen Hilfsbetriebe vor sich. Ein evtl. vorhandener geringer Spannungsunterschied zwischen der Hilfsgenerator- und der Haustransformatorschiene wird lediglich einen geringfügigen Ausgleichsstrom verursachen.

Ist der Hilfsgenerator in der Phase verschoben, so müssen die Verbindungsschalter gegenseitig verriegelt werden und die Umschaltung ist dann mit einer kurzzeitigen Betriebsunterbrechung verbunden. Da bei phasengleichen Maschinen das Anlassen eines Hauptturbosatzes von der Haustransformatorschiene und die Umschaltung auf den Hilfsgenerator viel einfacher und schneller vorgenommen werden kann, sollte man den Läufer des Hilfsgenerators mit der Hauptmaschine immer so kuppeln, daß vollständige Phasengleichheit besteht.

Bei einer anderen Anordnung (Abb. 9) werden die Hausgeneratoren nur zur Versorgung betriebswichtiger motorischer Antriebe bemessen und die Motoren weniger wichtiger Einrichtungen, das sind solche, deren kurzzeitiger Stillstand den Gesamtbetrieb nicht sofort gefährden, z. B. Bekohlung, Aschentransport, Lüfter, Feuerlöschanlage, unter Umständen auch Wasserversorgung, durch Haustransformatoren von der Hauptanlage aus versorgt. Es ergeben sich dann Hausgenerator- und Haustransformatorschienen, auf welche die verschiedenen Abzweige der Eigenbedarfsverteilung geschaltet sind. Solche Anordnungen erfordern doppelte Eigenbedarfsschienensysteme, komplizieren und verteuern aber auch das Verteilungsnetz und die Verteilungsanlagen, so daß die geringeren Kosten der etwas kleineren Hausturbinen zum Teil wieder durch den höheren Preis der Verteilungsanlagen ausgeglichen werden.

Wird die Hausgeneratorsammelschiene im normalen Betrieb vollkommen getrennt von der Haustransformatorsammelschiene gefahren, so muß bei Anordnung der Hausverteilungen durch besondere Verriegelungen der Umschalter dafür gesorgt werden, daß ein versehentliches Parallelschalten an irgendeiner Verteilungsstelle vollkommen unmöglich ist, weil sonst die Gefahr besteht, daß durch unbefugte Umschaltungen im Hausnetz der Hausgenerator in Phasenopposition auf die Hauptanlage geschaltet wird.

Unter Umständen kann es auch genügen, nur für besonders wichtige Motoren, z. B. für die Antriebe einiger Kondensations- und Kesselspeisepumpen, doppelte Stromzufuhrmöglichkeiten von der Haustransformator- und Hausgeneratorschiene vorzusehen. Die Motoren liegen dann im normalen Betrieb z. B. an der Haustransformatorschiene, und werden bei Spannungsstörungen auf die Hausgeneratorschiene umgelegt. Es müssen dann für diese Motoren doppelte, gegenseitig verriegelte Ständerschalter und, wenn es sich um Schleifringläufermotoren handelt, auch selbsttätige Anlaßvorrichtungen vorgesehen werden. Beim Zurückgehen der Spannung werden die Motoren dann zuerst von der Haustransformatorschiene getrennt, die Anlasser in die Anfahrstellung zurückgebracht und die Motoren dann selbsttätig auf die Hausgeneratorschiene umgelegt.

Bei der Aufstellung von besonderen Anlaßgeneratoren muß darauf geachtet werden, daß die Generatoren das Anfahren der größten, in ihrem Versorgungsbereich liegenden Kurzschlußankermotoren ohne besonderen Spannungsabfall vertragen müssen. Die Turbine eines Anlaßgenerators soll auch so eingerichtet sein, daß der Maschinensatz in wenigen Sekunden hochlaufen kann, um bei Störungen so schnell als möglich die Versorgung der wichtigsten Hilfsbetriebe übernehmen zu können.

Oft wird auch verlangt, daß verhältnismäßig kleine Hilfsturbinen im normalen Betrieb mit der Hauptanlage parallel geschaltet, aber unbelastet mitlaufen und bei Störungen in der Hausversorgung die Stromlieferung für die wichtigsten Hilfsbetriebe übernehmen sollen. Wie in Abschnitt Vb gezeigt werden wird, ist das natürlich schwer möglich, weil bei einem schweren Kurzschluß in der Hauptanlage auch die Spannung des Hilfsgenerators trotz schnellster Trennung oder Umschaltung der Netze zusammenbricht. Da außerdem nach der Umschaltung erst der Turbinenregler geöffnet und der Hilfsgenerator auf Vollast erregt werden muß, wird bei einer solchen Anordnung ein

Stehenbleiben der angeschlossenen betriebswichtigen Motoren der Hausanlage nicht verhindert werden können. Es ist dann schon richtiger, die wichtigen Betriebe von der übrigen Hausanlage vollkommen zu trennen und auch im normalen Betrieb durch den Hilfsgenerator allein speisen zu lassen.

In manchen Fällen wird sich auch mit einem gemischten Drehstrom-Gleichstrom-Hausbetrieb eine gute Sicherstellung der motorischen Antriebe erreichen lassen. Wird in einem Kraftwerk z. B. für die Kesselhausversorgung Gleichstrom gewählt, so muß neben den notwendigen Gleichstromumformern noch eine starke Leistungsbatterie zur Reserve aufgestellt werden. Es kann dann unter Umständen angezeigt sein, auch noch einige andere wichtige Hilfsbetriebe an das Gleichstromhausnetz zu legen, so daß eine besondere Drehstromhausturbine überflüssig wird. Eine große Leistungsbatterie kann in bestimmten Grenzen auch für eine unabhängige Reserve für einen Teil der Drehstromhausversorgung angesehen werden, wenn z. B. der Ladeumformer der Batterie oder einer der anderen Leistungsumformer mit einem Synchronmotor ausgerüstet ist. Bei vollkommener Stromlosigkeit des Drehstromteiles kann ein solcher Umformer dann auch einen Teil der Drehstrommotoren der Hausanlage auf kurze Zeit versorgen. Bei einer solchen Anordnung kann eine besondere Drehstromanlaßturbine gespart werden.

Städtische Kraftwerke, die neben Drehstrom auch Gleichstrom liefern, sind gewöhnlich mit sehr starken Leistungsbatterien ausgerüstet. In der Hausanlage solcher Kraftwerke wird man dann Gleichstrommotoren in größerem Umfange einbauen. Der Verwendung größerer Gleichstrommotoren ist bei der verhältnismäßig großen Ausdehnung moderner Kraftwerke allerdings eine wirtschaftliche Grenze gezogen.

b) Hausturbine als Vorwärmturbine.

1. Allgemeines. Die großen Ersparnisse, die im Gesamtdampfverbrauch durch Vorwärmung des Kesselspeisewassers erzielt werden können, haben dazu geführt, daß in modernen Kraftwerken die Vorwärmung des Speisewassers in weitestgehendem Maße angewendet wird. Das geschieht entweder dadurch, daß man das Speisewasser durch mehrere hintereinander geschaltete Vorwärmer führt, welche durch Anzapfdampf aus den Hauptturbinen geheizt werden, oder man verwendet zur Vorwärmung den Abdampf aus den Hilfsturbinen in der Eigenbedarfsanlage des Kraftwerkes. Der Abdampf dieser Hilfsturbinen wird in Vorwärmern niedergeschlagen, wobei das Kondensat der Hauptturbine als Kühlwasser dient und dadurch eine höhere Temperatur annimmt.

Bei Vorwärmung durch Anzapfdampf wird der Aufbau der Hauptturbinen durch die Anzapfungen kompliziert und auch der Wirkungsgrad der Turbinen etwas verschlechtert. Als der moderne Kraftwerksbau im Interesse der Betriebsbereitschaft der Werke dazu überging, für die Versorgung des Hausbedarfs besondere Hausturbinen aufzustellen, lag der Gedanke nahe, den Abdampf dieser verhältnismäßig großen Maschinen zur Speisewasseranwärmung zu benutzen. Die Verwendung des Abdampfes der Hausturbinen stellt eine für den Dampfteil bequeme und vor allen Dingen billige Lösung des Vorwärmproblems dar, bringt aber für den elektrischen Teil, wie weiter unten erläutert, unter Umständen schwere Nachteile oder Mehrkosten.

Der Abdampf der Hausturbinen wird entweder allein zur Vorwärmung benutzt, oder man verwendet den Abdampf nur zur teilweisen Anwärmung, während die weitere Erwärmung dann durch Anzapfdampf aus den Hauptturbinen erfolgt.

Zur vollständigen Vorwärmung des Speisewassers durch den Abdampf einer Hausturbine sind aber größere Dampfmengen notwendig, als sie z. B. von der Hausturbine eines Steinkohlenkraftwerkes mit mechanischer Rostfeuerung zur Verfügung stehen. Der Abdampf der ungefähr doppelt so großen Hausturbine eines Kraftwerkes mit Kohlenstaubfeuerung, dessen Hausbedarf mit etwa 6—7 vH der Kraftwerksleistung einzusetzen ist, könnte unter Umständen für die Speisewasseraufheizung genügen. Es muß aber berücksichtigt werden, daß die Belastung des Hausgenerators unabhängig von der der Hauptturbinen Schwankungen unterworfen ist. Es genügt z. B. das Abstellen der zentralen Staubaufbereitungsanlage des Kraftwerkes, die wegen der Bunkerung des fertigen Staubes in der Regel ja nur für einen 18—20stündigen Tagesbetrieb eingerichtet wird, um die Belastung des Hausgenerators ganz wesentlich herabzusetzen.

Würde man daher den Abdampf der Hausturbine allein zur Speisewasservorwärmung benutzen, so würde das Speisewasser abhängig von den Lastschwankungen der Hausturbine, von deren Abdampf mehr oder weniger aufgeheizt werden. Umgekehrt ist auch der Fall denkbar, daß einer verminderten Hauptmaschinenleistung eine gleichbleibende Belastung der Hausturbine, also einer verkleinerten Kondensatmenge, die normale Menge Vorwärmdampf aus dem Hausmaschinensatz entgegensteht. Hierdurch würde eine unzulässige Steigerung der Vorwärmtemperatur oder gegebenenfalls sogar eine Dampfbildung eintreten. In einem solchen Fall kann man sich allerdings so helfen, daß man einen Teil der Hausanlage, z. B. die Anschlüsse für die Kohlenförderung oder das Mahlhaus, vorübergehend an die Haustransformatorschiene legt und dadurch eine Entlastung der Hausturbine vornimmt. Das bedeutet aber eine Verteuerung und auch Komplizierung der Schaltanlage, um so mehr, als diese Abzweigschalter von der Hausgenerator- und der Haustransformatorschiene noch gegenseitig verriegelt werden müssen.

Zur Erreichung einer gleichbleibenden und wirtschaftlichen Wärmebilanz des Kraftwerkes ist aber eine gleichmäßige Temperatur des Kesselspeisewassers notwendig. Wenn die Hauptturbine als Vorwärmturbine arbeiten soll, ergibt sich daher einmal die Notwendigkeit, die Hausturbine in der Regel über deren eigentlichen Bedarf hinaus größer zu wählen und weiter auch noch die Schwierigkeit, einen Ausgleich für die schwankende Energieabnahme durch den Hausbedarf des Werkes zu schaffen.

Wird in einem Kraftwerk zur Sicherung der Hausversorgung eine zweite Hausturbine aufgestellt, so besteht die Möglichkeit, beide Maschinen laufen zu lassen und den Betrieb so zu trennen, daß einer der Hausgeneratoren, elektrisch vollkommen vom Hauptnetz getrennt, die wichtigsten Hilfsbetriebe bzw. den ganzen Eigenbedarf versorgt, während der andere Hausgenerator mit dem Hauptnetz parallel läuft. Die schwankende Leistungsabgabe des auf das Hausnetz arbeitenden Generators kann dann durch Leistungsänderung der anderen Maschine ausgeglichen und so eine gleichmäßige Aufheizung des Speisewassers erreicht werden. Die elektrische Schaltung kann mit einfachen Mitteln so eingerichtet werden, daß beide Vorwärmmaschinensätze abwechselnd auf das Hauptnetz geschaltet werden können, so daß im Falle des Stillstehens einer Maschine die andere die Hausversorgung übernehmen kann. Bei vorübergehendem Ausfall oder Überholung eines Maschinensatzes muß dann allerdings auf kurze Zeit eine unvollkommene Aufheizung des Speisewassers in Kauf genommen werden.

In Braunkohlenkraftwerken, die mit Brikettfabriken verbunden werden oder mit Staubfeuerung arbeiten, wird die gesamte Wärmewirtschaft des Kraftwerkes dadurch sehr beeinflußt, daß zur Trocknung der Rohkohle bedeutende Wärmemengen benötigt werden, die in Form von Trockendampf von etwa 2,5—3,5 at und einer Temperatur von 130—150° in der Regel vom Kraftwerk zur Verfügung gestellt werden müssen. Während Braunkohlenkraftwerke ohne Hausturbinen die verhältnismäßig großen Mengen Dampf gewöhnlich aus einzelnen Hauptmaschinensätzen, die als Gegendruckturbinen ausgeführt sind, beziehen, verwenden Kraftwerke mit Hausturbinen gewöhnlich deren Abdampf zur Kohlentrocknung. In solchen Fällen scheiden die Hausturbinen als Vorwärmmaschinen aus, und der Hausbetrieb kann vollkommen getrennt von der Hauptanlage betrieben werden.

2. Schaltung des elektrischen Teiles. Der vorliegende Rahmen läßt es nicht zu, auch die in der Ausführung des Dampfteiles liegenden Möglichkeiten einer gleichmäßigen Speisewasseranwärmung zu erwähnen; es werden daher nachstehend nur einige Anordnungen, die die Schaltung des elektrischen Teiles des Kraftwerkes berühren, behandelt.

Die Möglichkeit einer vollkommen gleichmäßigen Belastung der als Vorwärmturbine arbeitenden Hausturbine ist natürlich durch deren Parallelarbeiten mit der Hauptanlage über Transformatoren oder eine direkte Verbindung ohne weiteres gegeben, indem dann die überschüssige Leistung der Hausgeneratoren laufend vom Hauptnetz aufgenommen werden kann. Da die Vorwärmmaschinen in fast allen Fällen ihre eigenen Geschwindigkeitsregler erhalten, kann jede gewünschte Leistung in das Hauptnetz gegeben werden.

Mit dieser Anordnung fällt aber der wichtigste Vorteil und eigentliche Zweck besonderer Hausgeneratoren, von der Hauptanlage elektrisch vollkommen isoliert zu sein, fort, und der Hausbetrieb wird, ebenso wie bei einer Versorgung durch Haustransformatoren, die Rückwirkungen der Betriebsvorkommnisse im Hauptnetz zu ertragen haben.

Wird die Kupplung der durch die Vorwärmturbine gespeisten Eigenbedarfsschiene mit der Hauptschiene des Kraftwerkes durch einen Ölschalter mit normaler Zeitauslösung vorgenommen, so werden sich sämtliche Störungen in der Hauptanlage voll im Hausnetz auswirken. Ein Kurzschluß in der Hauptanlage bedeutet auch einen Kurzschluß für das Hausnetz.

Auch die in solchen Fällen vorgeschlagenen Mittel, das Hausnetz bei Störungen in der Hauptanlage sofort abzutrennen, stellen sich bei näherer Untersuchung als unzureichend heraus.

Da Kurzschlußstörungen oder Fehlschaltungen in der Hauptanlage mit einem Spannungsrückgang bzw. einem vollkommenen Zusammenbruch der Spannung verbunden sind, versucht man eine Trennung der Netze dadurch zu erreichen, daß der Verbindungsschalter mit einem sofort wirkenden Spannungsrückgangsauslöser versehen wird. Ein solcher Schalter wird bei Spannungsrückgang die Verbindung in etwa 0,2—0,3 Sekunden unterbrechen, und die Spannung des Hausgenerators wird dann in wenigen Sekunden wieder den vollen Wert erreichen. Je schneller die Trennung erfolgt, mit einem desto höheren Wert setzt die Spannung an dem abgeschalteten Hausgenerator wieder ein[1]). Je nach der Zeitkonstante und Größe des Hausgenerators und Abschaltzeit des Verbindungsschalters kann der Hausgenerator dann bereits in wenigen Sekunden praktisch wieder seine volle Spannung haben.

Beim plötzlichen Ausbleiben der Spannung verlieren natürlich sämtliche Motoren im Eigenbedarf ihr Drehmoment, und trotzdem die volle

---

[1]) In dem Buche: „Kurzschlußströme beim Betrieb von Großkraftwerken" von Prof. Dr. Rüdenberg, Verlag Julius Springer, ist der Verlauf der Abschaltspannung nach dem Kurzschluß für verschieden lange Kurzschlußzeiten ausführlich behandelt.

Spannung in kurzer Zeit wiederkehrt, kann bei der vorstehend beschriebenen Anordnung ein großer Teil der Motoren in der Hausanlage doch stehen bleiben. Das Schwungmoment der Motoren und der angetriebenen maschinellen Einrichtungen ist so klein, daß die Massen nicht zur Deckung der erforderlichen Leistung genügen. Einer oder der andere teilbelastete Motor wird vielleicht durchlaufen, während andere Motoren durch ihre Last festgebremst werden.

Etwas günstiger werden die Verhältnisse bei zweipoligen Kurzschlüssen und wenn durch Einbau von Kurzschlußdrosselspulen in die Verbindung zwischen der Haupt- und Hausschiene die Rückwirkungen des Kurzschlusses auf das Hausnetz abgeschwächt werden. Wenn auch durch Einbau einer solchen Reaktanzspule verhindert werden kann, daß die Spannung des Hausgenerators auf denselben Wert wie in der Hauptanlage absinkt, so kann die Reaktanz bei dreipoligen Kurzschlüssen, wie in nachstehendem Beispiel gezeigt wird, doch niemals so groß gewählt werden, daß an der Hausschiene eine Spannung, die das Weiterlaufen der Motoren im Eigenbedarf gewährleisten würde, gehalten werden könnte.

Das Kippmoment der in der Hausanlage aufgestellten Drehstrommotoren beträgt je nach Leistung und Modell im Durchschnitt das etwa 2—2,2fache des normalen Drehmomentes. Da das Drehmoment quadratisch mit der Spannung zurückgeht, werden die Motoren bei 65—70 vH der Nennspannung daher ungefähr noch ihr normales Betriebsdrehmoment aufbringen und ihre Last, ohne abzufallen, weiter durchziehen.

Eine Drosselspule, die den Kurzschlußstrom des Hausgenerators bei einem Kurzschluß im Hauptnetz so weit begrenzt, daß seine Spannung nur auf etwa 70 vH absinkt, müßte eine solche Größe haben, daß sich bei deren Einbau ganz unmögliche Betriebsverhältnisse ergeben würden.

In Abb. 27 ist ein Kraftwerk mit 100 000 kVA Maschinenleistung angenommen, dessen Eigenbedarfsleistung etwa 4000 kVA betragen

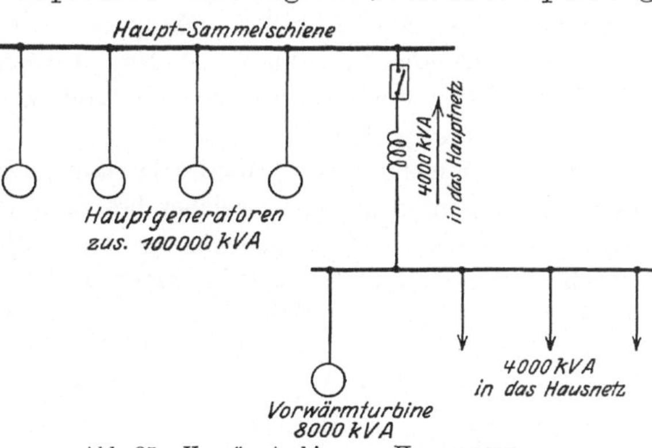

Abb. 27. Vorwärmturbine zur Hausversorgung.

soll. Zur Vorwärmung des Speisewassers sei eine 8000 kVA-Vorwärmturbine notwendig, die den Eigenbedarf versorgen und die überschüssige Leistung von 4000 kVA in das Hauptnetz abgibt. Als ungünstigster Fall muß angenommen werden, daß bei einem schweren dreipoligen Kurzschluß oder Bedienungsfehler in der Hauptanlage die Spannung der Hauptgeneratoren vollkommen zusammenbricht. Der Kurzschlußstrom, der dann vom Hausgenerator in das Hauptnetz geliefert wird, soll durch die vorgeschalteten Kurzschlußdrosselspulen so weit begrenzt werden, daß die Spannung des Hausgenerators nur so weit absinkt, daß die von diesem Generator versorgten Motoren in der Hausanlage noch in Betrieb bleiben. Im Falle eines Kurzschlusses im Hauptnetz wird der Hausgenerator bis zum Ausfallen des Verbindungsschalters einen durch die Drosselspulen begrenzten Kurzschlußstrom in das Hauptnetz liefern, soll aber gleichzeitig auch noch den Hausbetrieb voll weiter versorgen.

Wenn bei einem Kurzschluß in der Hauptanlage unter diesen Verhältnissen an den Hausschienen noch eine Spannung von etwa 70 vH aufrechterhalten werden soll, müßten die Drosselspulen in der Verbindung der Haupt- und Hausschiene in vorliegendem Falle rechnerisch eine Reaktanz von etwa 80 vH erhalten. Ganz abgesehen davon, daß eine solche Spule schwer ausführbar ist, wäre durch diese Drosselspule auch ein Leistungstransport in das Hauptnetz nicht mehr möglich.

In dem vorstehend angenommenen Beispiel ist die in das Hauptnetz abzugebende Leistung im Verhältnis zum Hausverbrauch sehr groß. In Fällen, in denen die überschüssige Leistung nur einen Bruchteil, z. B. $^1/_5$—$^1/_4$ der Hausgeneratorleistung ausmacht, werden sich erst Drosselspulen mit niedrigerer Reaktanz bei kleinerem Nennstrom ergeben, die noch wirtschaftlich ausführbar sind und auch einen Betrieb in dem gewünschten Sinne zulassen, wenn eine sofortige Trennung der Netze im Falle eines Kurzschlusses im Hauptnetz vorgesehen wird. Wenn bei einem Kurzschluß im Hauptnetz an der Hausschiene etwa 70 vH der normalen Spannung gehalten werden sollen, wird es unter Umständen aber noch notwendig sein, den Hausgenerator im Modell etwas größer zu wählen.

Bei der Dimensionierung solcher Drosselspulen muß außerdem auch noch deren Spannungsabfall, welcher bei Energieabgabe ins Hauptnetz durch den Hausgenerator gedeckt werden muß und dessen Regulierbereich vergrößert, berücksichtigt werden. Die in das Hauptnetz abzugebende überschüssige Leistung ist durch die wechselnde Energieabnahme des Eigenbedarfes und die Temperatur des vorgewärmten Speisewassers gegeben. Mit den Änderungen der in das Hauptnetz abgegebenen Leistung ändert sich auch der Spannungsabfall der Drosselspule und damit auch die Spannung, die an der Hausschiene gehalten werden muß. Die von der Hausschiene versorgten Motoren werden daher verschiedene Spannungen erhalten, die ihr Anfahr- und Betriebsmoment beeinflussen. Da sich die Drehmomente der Motoren quadratisch mit der verminderten Spannung ändern, ist es besonders bei der Projektierung von Anlagen, die mit schlechtem $\cos \varphi$ arbeiten, notwendig, die Spannungen, die sich bei verschiedenen Betriebsverhältnissen und Kurzschlüssen in der Hauptanlage einstellen, rechnerisch genau festzustellen. Man wird dann finden, daß sich nur selten befriedigende Lösungen erzielen lassen.

Bei Einbau einer solchen für einen Bruchteil der Hausgeneratorleistung bemessenen Drosselspule ist es auch nicht möglich, den Hausbedarf, z. B. bei Ausfall der Hausturbine, aus dem Hauptnetz zu decken, da der Nennstrom der Drosselspule zur Überführung der gesamten Eigenbedarfsleistung zu klein ist. Außerdem würde bei einer Rückspeisung aus dem Hauptnetz auch der Spannungsabfall der Drosselspule im umgekehrten Sinne in Erscheinung treten, so daß die Motoren in der Hausanlage dann eine weit unter dem Nennwert liegende Spannung zugeführt erhalten würden.

Wie aus vorstehenden Ausführungen hervorgeht, ist mit direkten elektrischen Verbindungen durch Schalter oder über Reaktanzspulen und Transformatoren eine Sicherstellung des Hausbetriebes schwer zu erreichen, und man sollte im Interesse der Betriebssicherheit des Kraftwerkes und eines ruhigen Hausbetriebes auf solche Kupplungen besser ganz verzichten. Eine Anordnung, bei welcher der Abdampf der unabhängig betriebenen Hausturbine nur zur teilweisen Aufheizung benutzt, während die weitere Anwärmung auf andere Art vorgenommen wird, ist in solchen Fällen unbedingt vorzuziehen.

Abb. 28 zeigt eine andere Schaltung (D. R. P. Nr. 392012), bei welcher die Hausanlage mit den Hauptsammelschienen des Kraftwerkes über einen Synchron-Asynchron-Motorgenerator verbunden ist. Mit einem solchen Umformer kann man sowohl die überschüssige Leistung der Vorwärmturbine in das Hauptnetz geben als auch in umgekehrter Richtung bei Stillstand der Hausturbine den Eigenbedarf aus dem Hauptnetz decken. Läuft der Hausgenerator mit derselben Frequenz wie die Hauptmaschinen, so wird der Umformer keine Leistung übertragen. Erfolgt aber eine relative Änderung der Frequenzen, so kann durch den Umformer Leistung in das Hauptnetz oder vom Hauptnetz in das Hausnetz gegeben werden.

Diese Lösung hat gegenüber den vorstehend beschriebenen direkten elektrischen Verbindungen beider Netze den großen Vorteil, daß sich plötzlich auftretende elektrische Ausgleichsvorgänge nicht von dem einen Netz in das andere übertragen können. Bei Anwendung dieser Anordnung wird man die Synchronmaschine zweckmäßig an das Hausnetz und die Asynchronmaschine an die Hauptsammelschienen des Kraftwerkes legen. Die Asynchronmaschine entnimmt dann ihren Magnetisierungsstrom dem Hauptnetz, wird also bei einem Kurzschluß in der Hauptanlage mit dem Verschwinden der Kraftwerksspannung auch ihre

Erregung verlieren und unerregt auf den Kurzschluß arbeiten, d. h. weder Wirk- noch Blindleistung abgeben oder aufnehmen. Abb. 29 zeigt das Kurzschlußverhalten einer erregten Asynchronmaschine. Die Trennung des Haus- und Hauptnetzes wird bei einem Synchron-Asynchron-

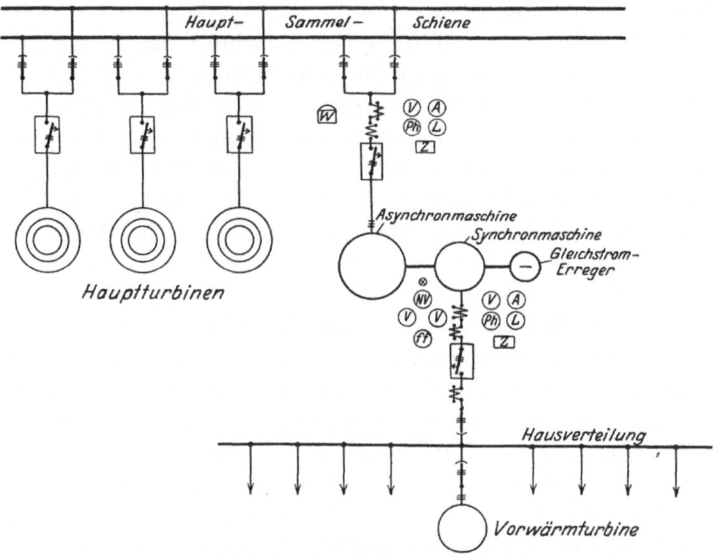

Abb. 28. Verbindung der Hauptsammelschine mit dem Hausnetz
über Asynchron-Synchron-Umformer

Umformer allein schon durch den Spannungsrückgang im Hauptnetz und nicht erst, wie bei anderen Einrichtungen, durch einen Schaltvorgang vorgenommen. Angenommen, die Hausturbine hätte vorher durch den Umformer einen Teil ihrer Leistung an das Hauptnetz gegeben, so wird sie im Falle eines Kurzschlusses in der Hauptanlage wesentlich entlastet. Der Regler der Vorwärmturbine wird dann sofort ansprechen und die

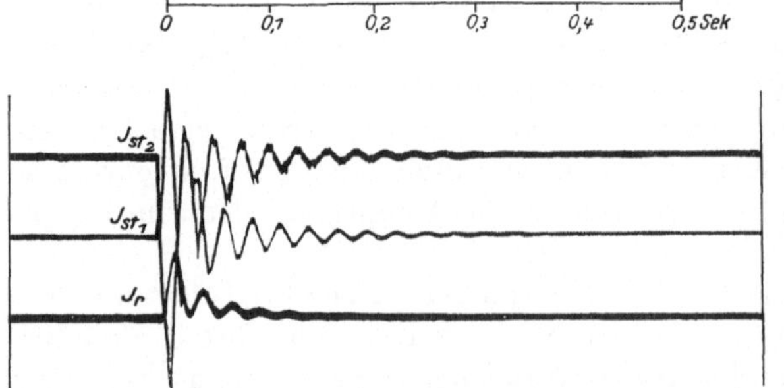

Abb. 29. Asynchrone Blindleistungsmaschine. Plötzlicher Kurzschluß.

Drehzahlsteigerung begrenzen, so daß der Hausbetrieb also gar nicht in Mitleidenschaft gezogen wird.

Ein solcher Umformer bietet weiter noch den Vorteil, daß das Hausnetz auch von der Hauptanlage versorgt werden kann, wenn die Hausturbine stillgesetzt werden muß. Durch Verminderung der Geschwindigkeit der Hausturbine kann eine allmähliche Entlastung bis zum Leerlauf herbeigeführt werden; die Hilfsbetriebe werden dann ohne Umschaltung ihre Energie über den Umformer aus dem Hauptnetz entnehmen können. Die Hausturbine kann dann abgeschaltet und ganz stillgesetzt werden.

Bei einem Kurzschluß in der Hausanlage wird sich der Umformer nur mit der Kurzschlußleistung der Synchronmaschine an der Kurzschlußstromlieferung beteiligen, der Umformer schützt also die Hausanlage gleichzeitig auch gegen die hohen Kurzschlußströme der Hauptanlage. Bei Verwendung eines Asynchron-Asynchronumformers würde die anteilige Kurzschlußstromlieferung aus dem Hauptnetz sogar ganz wegfallen.

Bei der Beurteilung der Zweckmäßigkeit eines Umformers zur Verbindung der Haus- und Hauptanlage muß natürlich von Fall zu Fall überlegt werden, ob die Vorteile in wärmewirtschaftlicher Hinsicht nicht durch die Anschaffungskosten des Umformers, die laufenden Verluste der Umformung und die etwas höheren Bedienungskosten wieder aufgehoben werden. Da der Wirkungsgrad einer solchen Umformung mit etwa 90 vH einzusetzen ist, wird sich die Anordnung nur in hochwertigen Grundlastkraftwerken mit hoher Benutzungsdauer bezahlt machen. In anderen Werken wird sich die Speisewasseraufheizung wahrscheinlich mit einem geringeren Kostenaufwand auf andere Weise erreichen lassen.

VI. Elektromotoren.

Für einen sicheren und wirtschaftlichen Betrieb der Hausanlage eines Kraftwerkes ist es notwendig, daß der Auswahl der Motoren für die Hilfsbetriebe sowohl in elektrischer als auch mechanischer Beziehung besondere Aufmerksamkeit geschenkt wird.

Nachstehend werden die Betriebseigenschaften und Ausführungsformen der verschiedenen Elektromotoren, soweit sie hauptsächlich zum Antrieb maschineller Einrichtungen in der Eigenbedarfsanlage eines Kraftwerkes zur Verwendung kommen, beschrieben. Es würde aber über den Umfang des Buches hinausführen, auch die Wirkungsweise der verschiedenen Motortypen näher zu behandeln. Die notwendigen, elektrotechnischen Grundlagen werden daher als bekannt vorausgesetzt.

a) Vorteile des motorischen Antriebes.

Als wichtigste Vorteile des elektrischen Antriebes im Vergleich zum Dampfturbinenantrieb sind zu nennen:

1. Niedrige Anschaffungskosten. Die Anschaffungskosten des Elektromotors mit den zugehörigen Apparaten und Leitungen sind bei gleicher Leistung bedeutend kleiner als bei einer Dampfturbine mit den anteiligen Kosten für Kondensation, Rohrleitungen usw.

2. Niedrige Betriebskosten. Bei den für die Hilfsantriebe im Eigenbedarf in Frage kommenden, verhältnismäßig kleinen Leistungen arbeitet der Elektromotor trotz der doppelten Leistungsumformung wirtschaftlicher als eine Dampfturbine gleicher Leistung. Nur wenn der gesamte Abdampf der Hilfsturbinen, z. B. zur Speisewasservorwärmung, ausgenutzt wird, und es sich um hochwertige Turbinen handelt, wird der Turbinenantrieb dem elektrischen gleichwertig. Es sei·hier auf eine im gleichen Verlag erschienene Arbeit des Herrn Dr. Melan „Die Schaltungsarten der Haus- und Hilfsturbinen" verwiesen. In diesem Buche sind ausführliche vergleichende Rechnungen über die Wirtschaftlichkeit des Dampfturbinen- und motorischen Antriebes im Eigenbedarf großer Kraftwerke aufgestellt.

3. Hohe Betriebsbereitschaft. Für die Inbetriebsetzung eines Motors ist nichts weiter nötig, als den Ständerschalter einzulegen und evtl. noch einen Anlasser zu betätigen. Dem steht beim Dampfturbinenantrieb die Zeit für das Anwärmen der Turbine unter Umständen auch noch die Inbetriebnahme einer Kondensation gegenüber. Durch Verwendung motorischer Antriebe wird die Anfahrzeit der getriebenen Einrichtungen und der Hauptmaschinen daher bedeutend abgekürzt.

4. Möglichkeit der Drehzahlregulierung. Einer der wichtigsten Vorteile des Elektromotors ist die leichte Regelbarkeit seiner Drehzahl und die Möglichkeit, die Regelung von einer für den Betrieb bequemen und vorteilhaften Stelle aus zu besorgen.

5. Einfachheit der Wartung. Der Elektromotor bedarf bei richtiger mechanischer Ausführung sehr wenig Wartung. Die Wartung der Kommutatoren oder Schleifringe beschränkt sich darauf, daß vielleicht einmal im Jahre ein Abdrehen oder Abschmirgeln nötig ist. Die Wartung des Apparateteiles ist praktisch gleich Null. Ein Elektromotor kann, wenn einmal eingeschaltet, sich vollkommen selbst überlassen bleiben, während die Dampfturbine viel mehr Aufmerksamkeit erfordert. Diese großen Vorteile des elektrischen Antriebes kommen in den ungewöhnlich niedrigen Ausgaben für Bedienung, Unterhaltung sowie Schmier- und Putzmaterial zum Ausdruck.

6. Leichte Feststellung des Energiebedarfes. Beim elektrischen Antrieb kann durch einen im Motorschaltkasten oder in der Anlaßwalze eingebauten Stromzeiger jederzeit der Energieverbrauch angenähert festgestellt und daraus auch Schlüsse auf das einwandfreie Arbeiten des Motors und der getriebenen maschinellen Einrichtung gezogen werden.

Bei zu hoher Stromaufnahme ist die Betriebsführung in der Lage, rechtzeitig Vorkehrungen zu treffen.

7. Leichte Instandsetzung. Die Reparaturbedürftigkeit der Motoren ist sehr gering und die Möglichkeit, Störungen schnell zu beseitigen, durchaus günstig. Auch evtl. notwendige größere Reparaturen, wie z. B. das Einlegen neuer Wicklungsteile, können in der Reparaturwerkstatt des Elektrizitätswerkes vorgenommen werden. Bei Defekten an einer Dampfturbine dagegen wird man kaum ohne einen Spezialmonteur des Lieferanten auskommen. Die Instandsetzung ist also einfacher und billiger als bei Dampfturbinen.

8. Allgemeine Vorteile. Größere Bewegungsfreiheit in der Aufstellung der maschinellen Einrichtungen, kleinere Fundamente, Wegfall der Dampfleitungen und bequeme Verlegung der Stromzuführungsleitungen, die weder Platz noch Licht rauben, bessere Übersichtlichkeit und größere Sauberkeit.

Wegen dieser großen Vorteile und Eigenschaften des elektrischen Antriebes wird in den Eigenbedarfsanlagen dem motorischen Antrieb, wenn nicht besondere Verhältnisse vorliegen, der Vorzug gegeben.

Für die Eigenbedarfsantriebe muß aber die Betriebssicherheit in erster Linie ausschlaggebend bleiben, und ein Kraftwerk, welches z. B. durch den Charakter seines Versorgungsgebietes unter Spannungsstörungen sehr zu leiden hat, wird trotz aller Vorteile des elektrischen Antriebes mehr auf die Verwendung von Hilfsturbinen oder auf eine getrennte Versorgung der Hausanlagen durch Hausgeneratoren angewiesen sein.

Manche Kraftwerke schaffen sich eine etwas größere Sicherheit gegen das Stehenbleiben der Antriebsmotoren besonders wichtiger Einrichtungen dadurch, daß sie Motoren mit erhöhtem Kippmoment wählen. Das Motormodell muß dann zwar etwas größer gewählt werden und der Wirkungsgrad und Leistungsfaktor wird schlechter. Ein solcher Motor wird aber seine Last auch noch beim Zurückgehen der Spannung auf etwa die Hälfte oder bei einem zweipoligen Kurzschluß noch bei einer niedrigeren Spannung durchziehen können. Andere Werke wieder sichern den Antrieb wichtiger Einrichtungen, z. B. für die Ölversorgung, dadurch, daß sie doppelte Antriebsmotoren, und zwar je einen für Drehstrom und Gleichstrom vorsehen. Normalerweise läuft der Drehstrommotor, und beim Ausbleiben der Spannung wird der Gleichstrommotor selbsttätig eingeschaltet. Bei Rückkehr der Drehstromspannung wird der Gleichstrommotor wieder stillgesetzt, der Drehstrommotor übernimmt den Betrieb.

Ein Dampfturbinenantrieb macht die angetriebene maschinelle Einrichtung vom elektrischen Teil des Kraftwerkes vollkommen unabhängig. Inwieweit man für besonders wichtige Antriebe von vornherein nur Dampfturbinenantriebe vorsehen oder motorische und Dampfreserveantriebe wählen soll, kann nur von Fall zu Fall entschieden werden, da die Verschiedenartigkeit der örtlichen Verhältnisse und die Art der Stromversorgung der Hausanlage ausschlaggebend ist.

Eine hohe Betriebsbereitschaft und Zuverlässigkeit der motorischen Antriebe ist ohne weiteres in Kraftwerken gegeben, in welchen die Eigenbedarfsanlage durch eine von den Vorgängen der Hauptanlage unabhängige Stromquelle gespeist wird. Durch Aufstellung besonderer Hausturbinen ist eine wirtschaftlichere und billigere Sicherstellung und Versorgung des Hausbetriebes gegeben als durch Einbau vieler kleiner Dampfturbinenhilfsantriebe.

Auch ein Gleichstromhausbetrieb mit Versorgung durch Drehstrom-Gleichstromumformer mit ausreichender Reserve durch eine Leistungsbatterie trägt der Forderung nach Zuverlässigkeit der motorischen Antriebe Rechnung. Die betriebswichtigen Motoren werden dann an das Gleichstromnetz angeschlossen, alle anderen durch die Haustransformatoren mit Drehstrom versorgt.

Näheres über Kraftwerke mit Hausgeneratoren siehe Abschnitt V und IX.

b) Drehstrom-Asynchronmotor.

1. Phasenverschiebung. Vor der Besprechung des Drehstromasynchronmotors sei gleich im Anfang auf die Frage der Verbesserung des Leistungsfaktors, ein Gebiet der Elektrotechnik, über welches in den letzten Jahren sehr viel geschrieben wurde, hingewiesen.

Die Phasenverschiebung eines Asynchronmotors ist von der Ausführung des Motors, von seiner Größe und Belastung abhängig.

Daß man im Eigenbedarf vieler Kraftwerke Leistungsfaktoren von 0,5 und darunter findet, kann nur so erklärt werden, daß die Antriebsmotoren zu groß gewählt wurden und im normalen Betriebe sehr unterbelastet laufen. Teilweise ist das darauf zurückzuführen, daß die Lieferanten der maschinellen Einrichtungen aus übertriebener Vorsicht die für ihr Fabrikat erforderliche Antriebsleistung oft zu hoch angeben und die Elektrizitätswerke oder die Lieferanten der Motoren auf diese bereits erhöhten Leistungen noch einen „Sicherheitsaufschlag" machen. Für verschiedene Motoren, die z. B. in Kesselhäusern bei einer höheren Umgebungstemperatur als in den Verbandsvorschriften vorgesehen, laufen oder auch strahlender Hitze ausgesetzt sind, müssen oft größere Modelle gewählt werden. Mit Rücksicht auf den schlechten Wirkungsgrad und $\cos \varphi$ solcher Motoren soll man in solchen Fällen von der Aufstellung größerer Motoren möglichst absehen und den Motoren besser durch besondere Rohrleitungen frische kühlere Luft aus anderen Betriebsräumen zuführen.

Viele Elektrizitätswerke, die ihren Stromabnehmern den $\cos\varphi$ vorschreiben, oder die Abnehmer durch Verrechnung des wattlosen Stromes beeinflussen, für einen hohen $\cos\varphi$ zu sorgen, lassen in ihrem eigenen Betrieb die einfachsten Mittel zur Verbesserung des $\cos\varphi$ außer acht und leisten der Verschlechterung des Leistungsfaktors und Wirkungsgrades noch Vorschub, indem sie ohne Rücksicht auf die zulässige Überlastung der Motoren oft größere Motortypen vorschreiben, die dann unter Umständen das ganze Jahr mit Teillast in Betrieb sind.

Bei verschiedenen Antrieben in der Eigenbedarfsanlage, z. B. bei Staubschnecken und Fördereinrichtungen wird es allerdings nicht zu vermeiden sein, größere Motoren aufzustellen, weil die errechneten Antriebsleistungen unter Umständen ganz bedeutenden Änderungen unterworfen sein können. Man sollte die Aufstellung größerer Motoren aber nur auf die wirklich unbedingt notwendigen Fälle beschränken. Hauptsächlich bei Antrieben, für die ein größerer Regelbereich gefordert wird, muß man bei der Wahl größerer Motoren vorsichtig sein, weil der gewünschte Regelbereich der Drehzahlen oft nur erreicht kann, wenn bei der Bemessung der Anlasser auf die Unterbelastung Rücksicht genommen wurde.

Mit der richtigen Auswahl und Belastung der Asynchronmotoren dürften neben der Verwendung von Synchronmotoren für die Eigenbedarfsanlage wohl die hauptsächlich in Frage kommenden Maßnahmen zur Verbesserung des Leistungsfaktors erschöpft sein. Da der im Eigenbedarf verbrauchte Strom vom Kraftwerk selbst erzeugt wird, wäre es unwirtschaftlich, zur Phasenverbesserung des Hausbetriebes, z. B. durch Verwendung kompensierter Motoren, dieselben Maßnahmen zu ergreifen, wie sie z. B. für Anschlußanlagen öffentlicher Netze in Frage kommen, deren Tarife nach dem Leistungsfaktor abgestuft sind. Trotzdem aber der Blindstrom für die im Hausnetz laufenden Motoren in den Hauptmaschinen viel billiger erzeugt werden kann und auch die Übertragungsverluste bei den kurzen Verbindungsleitungen keine Rolle spielen, stellen manche Kraftwerke für Antriebe mit hoher Jahresbenutzungsstundenzahl, die zeitweise mit großer Unterbelastung laufen, trotzdem kompensierte Motoren auf, lediglich zu dem Zweck, ihren Abnehmern ein gutes Beispiel zu geben.

2. Wahl der Spannung. Die Höhe der Spannung, für die ein Motor wirtschaftlich und betriebssicher ausgeführt werden kann, ist durch seine Leistung bestimmt. Kleinere Motoren können nicht für höhere Spannungen ausgeführt werden, weil die Raumausnutzung des Motors sehr schlecht und die Ausladung der Wicklungen so groß wird, daß einerseits das Modell unnötig vergrößert und andererseits eine gute Isolierung und Versteifung der Wicklung unmöglich wird. Ein solcher

Motor ist dann den Beanspruchungen des Betriebes nicht mehr in genügendem Maße gewachsen.

Nach den Preislisten der Elektroindustrie werden Motoren normal etwa nur bis zu den Grenzleistungen und Grenzspannungen der nachstehenden Tabelle geliefert:

Spannung:	Geringste Leistung für Motoren:
1 000 V	10 kW
2 000 V	30 kW
3 000 V	30 kW
5 000 V	60 kW
6 000 V	85 kW
10 000 V	500 kW

Es können natürlich auch Motoren gebaut werden, die jenseits der Grenze dieser Werte liegen und die in kleineren Einzelanlagen wohl auch störungsfrei arbeiten. In der Eigenbedarfsanlage großer Kraftwerke sind die möglichen Kurzschlußbeanspruchungen immerhin aber so groß, daß solche Motoren dann wohl bei der ersten anormalen Beanspruchung schadhaft werden würden.

Die normalen Drehzahlen, die für die Asynchronmotoren im Eigenbedarf in Frage kommen, sind bei 50 Perioden etwa:

$$365, \quad 485, \quad 580, \quad 730, \quad 970, \quad 1450, \quad 2950.$$

3. Drehstrommotor mit normalem Kurzschlußläufer. Unbestritten ist der Drehstrommotor mit Kurzschlußläufer, welcher durch einen Ständerschalter ohne weitere Hilfsapparate an die volle Netzspannung gelegt wird, der betriebssicherste und einfachste Motor, den man sich denken kann.

Als besondere Vorzüge des Kurzschlußläufermotors sind zu nennen:
große Betriebssicherheit,
einfachste Bauart ohne Schleifringe und Bürsten,
keine Kurzschluß- und Bürstenabhebevorrichtung,
geringer Anschaffungspreis und billige Montage,
geringe Wartungs- und Instandhaltungskosten,
geringer Raumbedarf und geringes Gewicht,
günstigerer Wirkungsgrad und Leistungsfaktor als beim normalen Schleifringläufermotor.

Da der Kurzschlußläufermotor im Gegensatz zum Schleifringläufermotor keine Teile enthält, die beim Anlaufen und Stillsetzen des Motors bedient werden müssen (Kurzschluß- und Bürstenabhebevorrichtung), kann dieser Motor auch an Stellen eingebaut werden, die für die Bedienung schwerer zugänglich sind.

Legt man einen Motor mit Kurzschlußläufer unmittelbar an die Netzspannung, so tritt im Augenblick des Anlaufens der volle Kurzschlußstrom des Motors auf, der erst allmählich während des Hochlaufens des Motors auf einen Wert, der der Belastung bei höchster Drehzahl entspricht, heruntergeht. Die Höhe des Anlaufstromes ist völlig unabhängig von der Belastung beim Anlauf, sie ist nur bestimmt durch den elektrischen Entwurf des Motors. Die Belastung hat nur einen Einfluß auf die Anlaufzeit.

Der Kurzschlußstrom, also auch der Anlaufstrom, ist bei den Kurzschlußmotoren verschiedener Größe und Polzahl gleich dem 5—8fachen Normalstrom, und zwar ist er bei großen Motoren höher als bei kleineren und bei schnell laufenden höher als bei langsam laufenden. Der hohe Anlaufstrom dieser Motoren und die dadurch entstehenden Spannungsschwankungen in den mit an die Kraftverteilung angeschlossenen Lichtanlagen ist der Hauptgrund, weshalb die Elektrizitätswerke in ihren Versorgungsgebieten bisher nur den Anschluß kleinerer Kurzschlußläufermotoren bis zu etwa 5 kW zugelassen haben.

Nach den VDE-Normen (DIN Blatt VDE 2650) sind für offene Drehstrommotoren mit Kurzschlußläufer die in nachstehender Tabelle angegebenen kleinsten Anlauf- und Kippmomente und größten Anlaufströme als Vielfaches des Nenndrehmomentes und Nennstromes bei Nennspannung und Betriebsschaltung zulässig.

Nennleistung kW	PS etwa	Anlaufmoment für Drehzahl 3000—500	Anlaufstrom 3000 und 1500	Anlaufstrom 1000 und 750	Anlaufstrom 600 und 500	Kippmoment 3000 bis 1000	Kippmoment 750—500
0,125	0,17						
0,2	0,27						
0,33	0,45	2	6,4	5,6			
0,5	0,7						
0,8	1,1						
1,1	1,5						
1,5	2					2—2,5	1,6—2
2,2	3	1,6					
3	4						
4	5,5		7,2	6,4			
5,5	7,5						
7,5	10	1,25					
11	15				5		
15	20						
22	30						
30	40				5,6		
40	55						
50	68	1	8	7,2		2—2,5	
64	87						
80	110				6,4		
100	136						

Das Kippmoment gibt an, bis zu welchem Betrage der Motor über sein normales Drehmoment mindestens stoßweise überlastbar sein soll.

Da sich das Anlaufmoment eines Motors mit dem Quadrat der zugeführten Spannung ändert, ist die richtige Bemessung der Motorzuleitungen, besonders für Motoren, die mit einem größeren Lastmoment anfahren müssen, zu beachten. Wird beim Einschalten des Motors der Spannungsabfall in der Zuleitung durch den Anlaufstrom zu hoch, so besteht die Gefahr, daß der belastete Motor nicht anzieht. Wird die Hausanlage eines Kraftwerkes über Haustransformatoren von den Generatorsammelschienen gespeist, so muß bei der Untersuchung der Anlaufsverhältnisse von Kurzschlußläufermotoren darauf geachtet werden, daß die Sammelschienenspannung vieler Kraftwerke, gegeben durch die notwendige Spannungsregulierung, unter Umständen in ziemlich beträchtlichen Grenzen schwankt. Da in den Haustransformatorabzweigen nur in den seltensten Fällen Regeltransformatoren zur Konstanthaltung der Hausspannung eingebaut werden, muß bei der Untersuchung der Anlaufsverhältnisse der Motoren mit der niedrigsten Sammelschienenspannung gerechnet werden.

Der hohe Anlaufstrom der Kurzschlußläufermotoren macht es auch notwendig, die Überstromschutzapparate dieser Motoren so auszuwählen, daß sie während der Anlaufperiode nicht ansprechen und doch einen genügenden Schutz des Motors gegen unzulässige Überlastung gewährleisten.

Der Kurzschlußankermotor wurde bisher trotz seiner großen Vorteile wegen der hohen Stromaufnahme beim Einschalten in Anschlußanlagen nur für kleine Leistungen verwandt. Nach den oben angeführten VDE-Normen ist z. B. für einen normalen Kurzschlußläufermotor von 22 kW und einer Drehzahl von 1000 U.-M. der 7,2 fache Nennstrom als Anlaufstrom zulässig. Im Versorgungsgebiet und den Anschlußanlagen eines Elektrizitätswerkes ist ein solcher plötzlicher Anlaufstrom wegen der Rückwirkungen auf das Netz, hauptsächlich auf die Beleuchtung, unangenehm. In der Hausanlage eines Kraftwerkes bzw. in Anlagen mit eigener Kraftversorgung kann ein solcher Stromstoß aber ohne weiteres in Kauf genommen werden.

In einem größeren Kraftwerk wird der Anlaufstrom selbst eines 100 PS-Kurzschlußläufermotors nur einen geringen Bruchteil der gesamten Eigenbedarfsleistung darstellen und auf die übrigen Anlageteile ohne besondere nachteilige Rückwirkung bleiben. Werden für die motorischen Antriebe z. B. die unter 5. beschriebenen Motoren mit Wirbelstromläufer verwandt, deren Hauptvorteil darin besteht, daß sie beim direkten Einschalten einen viel geringeren Anlaufstrom als die gewöhnlichen Kurzschlußläufermotoren aufnehmen, so können bei gegebenen Anlaufverhältnissen in der Hausanlage eines Kraftwerkes ohne weiteres auch noch Motoren mit mehreren 100 PS mit direkter

Ständereinschaltung verwandt werden. In den Hausbetrieben handelt es sich ja außerdem in den weitaus meisten Fällen um Motoren, die, einmal eingeschaltet, längere Zeit durchlaufen, so daß sich der Einschaltstromstoß viel weniger unangenehm bemerkbar machen wird als bei Motoren in Anschlußanlagen, die täglich öfter an- und abgestellt werden.

Es ist nicht zu vermeiden, daß in der Eigenbedarfsanlage die Bedienung vieler Motoren vollkommen unkundigem Personal überlassen wird. Werden bei solchen Antrieben Schleifringläufermotoren verwandt, so sind bei unachtsamer Bedienung Motordefekte sehr leicht möglich. Beim Kurzschlußläufermotor beschränkt sich die gesamte Bedienung auf Ein- und Ausschalten des Ständerschalters; Bedienungsfehler sind daher so gut wie ausgeschlossen.

Ein für die Verwendung des Kurzschlußläufermotors in Eigenbedarfsanlagen von Kraftwerken sehr wichtiger Vorteil ist auch darin zu sehen, daß ein solcher mit direkter Ständereinschaltung versehener Motor, nachdem er beim Zurückgehen der Spannung stehengeblieben ist, bei Wiederkehr der Spannung wieder anläuft. Das Anlaufmoment des Motors wächst mit dem Quadrat der zugeführten Spannung und je nach dem Lastmoment wird der Motor unter Umständen schon bei geringer Spannung anlaufen. Durch eine möglichst weitgehende Verwendung dieses Motors für Einrichtungen, die ohne besondere Aufsicht wieder anlaufen können, wird daher deren Betriebsbereitschaft auf sehr einfache Weise ganz beträchtlich erhöht. Die Ständerschalter für solche Motoren dürfen dann aber keine Spannungsrückgangsauslöser erhalten und bleiben beim Verschwinden der Spannung geschlossen. Die Überstromauslösung der Ständerschalter muß so eingerichtet sein, daß die Schalter bei Wiederkehr der Spannung nicht durch den hohen Anlaufstrom zur Auslösung kommen.

Da für die Antriebe im Eigenbedarf eines Kraftwerkes in erster Linie die Betriebssicherheit und Einfachheit des Motors und der Bedienung eine ausschlaggebende Rolle spielen, sind die Kurzschlußläufermotoren für Antriebe in Eigenbedarfsanlagen sehr geeignet.

In dem Bestreben, die Vorteile des Kurzschlußankermotors der Praxis soweit wie möglich zugänglich zu machen, wurden namentlich in den letzten Jahren von den einzelnen Firmen die verschiedensten Spezialkurzschlußläufermotoren ausgebildet, welche beim direkten Einschalten einen weniger hohen Anlaufstrom bei höherem Anlaufdrehmoment entwickeln. Von diesen Spezialmotoren werden nachstehend die Motoren mit Boucherotläufer und Wirbelstromläufer kurz beschrieben.

4. Drehstrommotor mit Boucherotläufer. Im Läufer des Kurzschlußläufermotors nach Boucherot sind, wie die Abb. 30 und 31 zeigen, 2 zentrisch liegende Käfige angeordnet. Der Käfig K_1 mit hohem Widerstand liegt nahe am Läuferumfang, der Käfig K_2 mit niedrigem Widerstand ist unterhalb K_1 angeordnet. Die Nuten der beiden Käfige sind

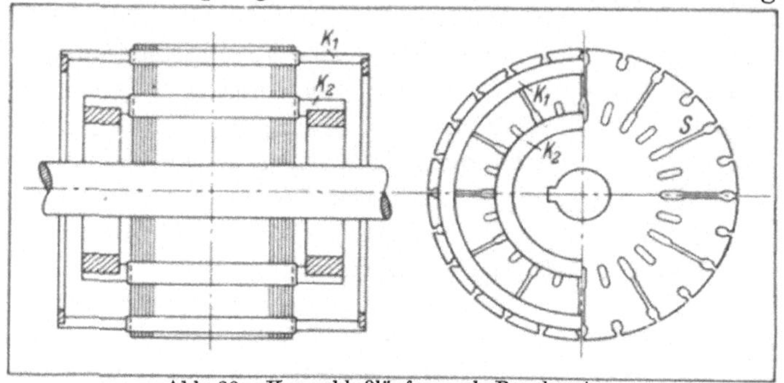

Abb. 30. Kurzschlußläufer nach Boucherot.

durch Luftschlitze verbunden. Beide Käfige arbeiten sowohl während des Anlaufs wie im Lauf parallel, wobei jeder Käfig ein bestimmtes Drehmoment erzeugt. Durch entsprechende Wahl der Widerstände der beiden Käfige und durch Anordnung von Luftschlitzen zwischen den Nuten der beiden Käfige wird

Abb. 31. Boucherotläufer.

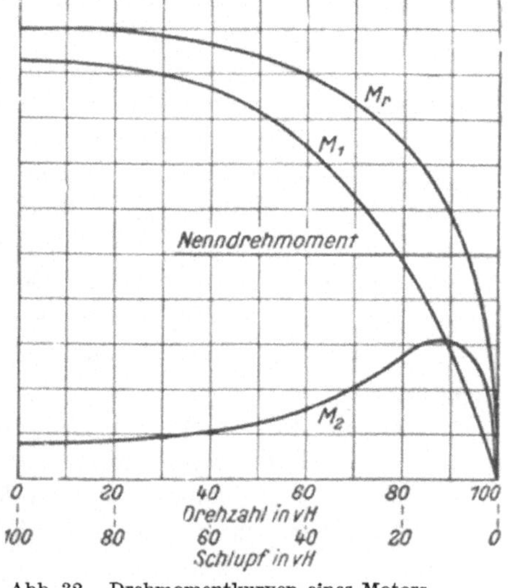

Abb. 32. Drehmomentkurven eines Motors
mit Boucherotläufer.

erreicht, daß Käfig K_1 im Anlauf sein größtes Drehmoment entwickelt, während K_2 als Arbeitswicklung dient.

Abb. 32 zeigt die Drehmomentenkurve eines solchen Motors. Der Käfig K_1 entwickelt beim Anlauf sein größtes Drehmoment, während der Käfig K_2 wegen der großen Streuung nur ein kleines Drehmoment hat. Die Kurve M_1 gilt für den Käfig K_1 und M_2 für den Käfig K_2. M_r ist die resultierende Drehmomentenkurve.

Der Boucherotläufer kann durch entsprechende Dimensionierung der Käfige und Unterteilung des Rotoreisens entweder für höhere Anlaufmomente bei hohem Anlaufstrom oder für ein normales Anlaufmoment bei niedrigem Anlaufstrom bemessen werden.

5. Drehstrommotor mit Wirbelstromläufer. Sehr gut haben sich die von *SSW* entwickelten Motoren mit Wirbelstromläufer in der Praxis bewährt.

Zum Bau der Wirbelstromläufer wurde die bekannte Erscheinung herangezogen, daß in den Leitern elektrischer Maschinen durch die Wirkung des Streuflusses, den der die Leiter durchfließende Wechselstrom erzeugt, Wirbelströme entstehen, die den Strom auf einen Teil

Abb. 33. Motor mit Wirbelstromläufer, Nennleistung 13 kW, 380 V, n = 1440 Umdr/min.

des Leiterquerschnittes zusammendrängen. Der Widerstand des Leiters erscheint dadurch vergrößert. Durch passende Wahl der Leiterquerschnitte, namentlich der Leiterhöhe, hat man es in der Hand, die gewünschte Widerstandserhöhung der Läuferwicklung zu erhalten. Abb. 33 zeigt einen derartigen Motor mit Wirbelstromläufer für eine Leistung von 13 kW bei $n = 1440$ U.-M. Die hohen Läuferstäbe ragen seitlich über die Kurzschlußringe heraus und dienen gleichzeitig als Ventilationsflügel. Die Stromverdrängung und somit die Widerstandsvermehrung ist beim Wirbelstromläufer am größten im Stillstand des Motors und nimmt mit zunehmender Drehzahl ab. Der Vorgang entspricht also den Verhältnissen, wie sie beim Anlassen eines Schleifringläufermotors vorliegen.

In Abb. 34 ist die Drehmomenten- und Stromkurve eines Motors mit Wirbelstromläufer, Nennleistung 12 kW, $n = 1000$ U.-M. dargestellt. Das Anlaufmoment beträgt das 1,4fache des Nennmomentes, der Anlaufstrom das 3,8fache des Nennstromes. Ein normaler Kurzschlußmotor derselben Leistung würde nach den Angaben auf S. 63 bei einem Anlaufmoment vom 1,25fachen einen Anlaufstrom vom 6,4fachen des normalen aufnehmen.

Wie aus Abb. 35 zu ersehen ist, treten die Vorzüge des Wirbelstromläufermotors im Vergleich zum normalen Kurzschlußläufermotor

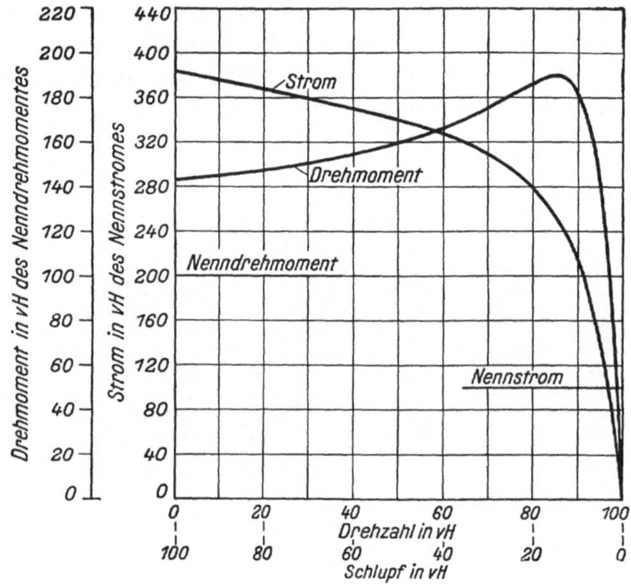

Abb. 34. Drehmomenten- und Stromkurve eines Motors mit Wirbelstromläufer, Nennleistung 12 kW, n = 1000 Umdr/min.

bei Motoren größerer Leistung noch mehr hervor. Die voll ausgezogenen Linien zeigen die Verhältnisse, Anlaufstrom zum Nennstrom $\frac{J_a}{J_n}$ bzw. Anlaufmoment zum Nennmoment $\frac{M_a}{M_n}$ für die Motoren mit Wirbelstromläufer der Drehzahl $n = 1000$. Die gestrichelten Linien geben dieselben Werte, die nach den VDE-Normen für Kurzschlußläufermotoren gewöhnlicher Bauart zulässig sind, an.

Für einen Motor von z. B. 30 kW ist nach den VDE-Normen der 7,2fache Nennstrom als Anlaufstrom bei einem Anlaufmoment vom 1,0fachen zulässig, während der Motor mit Wirbelstromläufer gleicher Leistung das 1,4fache Anlaufmoment bei nur 4fachem Anlaufstrom entwickelt. Der Wirbelstrommotor hat also 40 vH mehr Anlaufmoment bei etwa 45 vH weniger Anlaufstrom.

Sehr wichtig ist bei diesem Wirbelstromläufermotor, daß er sich in der Bauart nach außen hin gar nicht vom normalen Kurzschlußankermotor unterscheidet, und daß die auf S. 62 genannten Vorzüge des Kurzschlußankermotors daher ohne jede Einschränkung auch für den Wirbelstromläufermotor gelten.

Wegen des sehr geringen Anlaufstromes können auch in den An-schlußanlagen der Elektrizitätswerke Wirbelstromläufer-motoren größerer Leistung als bisher üblich verwandt werden. In ver-schiedenen Indu-strien, die ihre Be-triebe durch eigene Kraftwerke versor-gen, werden die Wirbelstromläufer-motoren in weitest-gehendem Maße verwandt, und zwar werden in einigen Werken Motoren bis zu etwa 200 kW direkt durch Stän-derschalter an das Netz gelegt und erst bei größeren Lei-stungen Stufen-schalter zum Ein-schalten der Moto-ren vorgesehen. In vielen amerikani-schen Überland-netzen werden z. B. schon normale Kurzschlußankermotoren bis zu 35 kW Leistung für direktes Einschalten zugelassen.

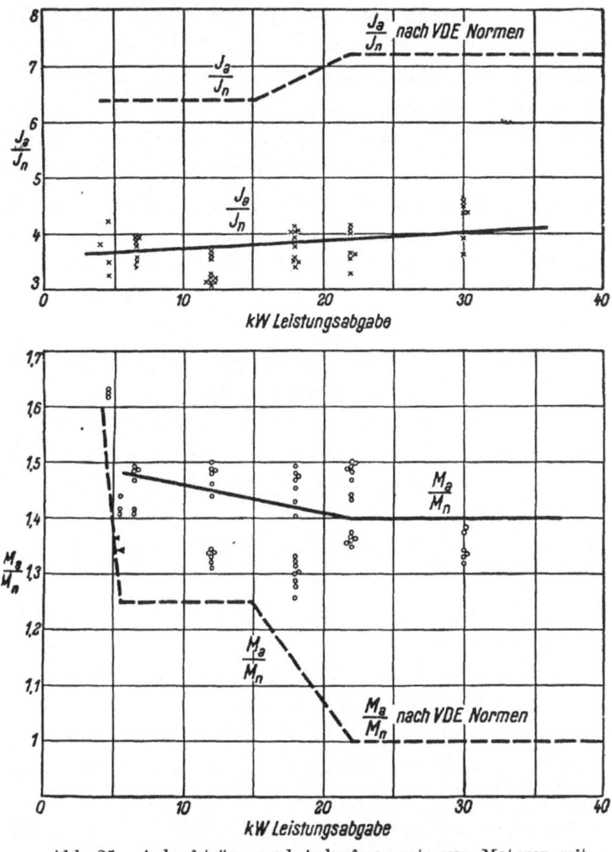

Abb. 35. Anlaufströme und Anlaufmomente von Motoren mit Wirbelstromläufer, n = 1000 Umdr/min.

Bei Anwendung von Kurzschlußläufermotoren der verschiedenen Systeme darf aber nicht übersehen werden, daß diese Motoren je nach dem zu überwindenden Lastmoment bei direkter Ständereinschaltung unter Umständen sehr schnell auf Touren gehen. Zum Antrieb von Förderbändern und auch anderer Transporteinrichtungen werden die Motoren daher nicht immer verwandt werden können, weil beim zu schnellen Anfahren mechanische Beschädigungen der Einrichtungen möglich sind. Ein langsames Anfahren der Kurzschlußankermotoren kann aber dadurch erreicht werden, daß man die Ständerwicklung beim Anlassen nicht gleich an die volle Spannung legt, sondern den Motor mit einem Anlaßtransformator und Stufenschalter mit einer Teilspannung anfährt.

Die Anlaßtransformatoren werden in der Regel zweistufig ausgeführt, wobei die erste Stufe für 50, 60 oder 70 vH der Netzspannung gewählt wird. Das Anzugsmoment ermäßigt sich im Verhältnis des Quadrates der angelegten Spannungen, so daß mit diesem Ablaufverfahren also keine hohen Anfahrmomente erzielt werden können. Wird z. B. die erste Stufe für 70 vH der Netzspannung bemessen, so beträgt das Anfahrmoment des Motors nur noch etwa 50 vH des normalen Anlaufmomentes. Für Niederspannungsmotoren werden die Anlaßtransformatoren und Stufenschalter gewöhnlich mit dem Motorschalter in eine Einheit zusammengebaut und können dann, ähnlich wie die normalen Anlasser, direkt neben den Motoren aufgestellt werden. Bei Hochspannungsmotoren muß der Motorschalter gewöhnlich getrennt vom Anlaßapparat aufgestellt werden.

Zum Anlassen mehrerer gleichartiger Antriebe wird unter Umständen auch ein gleichzeitiges Anlassen durch einen gemeinsamen Anlaßtransformator in Frage kommen können. Es kann aber auch eine gemeinsame Anlaßschiene vorgesehen werden, auf welche die Motoren während der Anlaßperiode einzeln geschaltet werden können. Diese Anlaßschiene steht dann über einen für die Leistung eines Motors bemessenen Anlaßtransformator mit der Eigenbedarfssammelschiene in Verbindung.

Um das Anwendungsgebiet des Kurzschlußläufermotors und seiner Spezialausführungen zu erweitern, wurden auch Anlaßapparate geschaffen, welche für die Fälle angewandt werden können, in denen der Anlaufstrom dieser Motoren noch als zu hoch angesehen wird. Die meisten von diesen Spezialanlassern sind Zentrifugalkupplungen, welche die anzutreibende Last mit dem Motor mehr oder weniger erst nach dessen Anlauf kuppeln, so daß der Motor leer anläuft. Da der Anlauf und das Anziehen des Motors zeitlich voneinander getrennt sind, wird durch Einbau dieser Kupplung die Zeitdauer der hohen Anlaufströme erheblich herabgesetzt und damit die störenden Einwirkungen auf das Netz abgeschwächt bzw. ganz beseitigt.

Gleichzeitig stellen diese mechanischen Anlasser aber auch eine gute Sicherheitseinrichtung gegen unzulässige Überlastungen des Motors vor. Übersteigt das Lastmoment dasjenige Drehmoment, für welches die Kupplung bemessen ist, so beginnt diese zu gleiten, geht die Überlastung aber auf einen bestimmten Wert zurück, so wird die Last wieder voll mitgenommen. Durch diese Eigenschaft ist die Kupplung in der Lage, den Motor vor bestimmten Überlastungen zu schützen und kann also außer als Anlaßkupplung auch als Schutzkupplung für die verschiedensten Überlastungsbereiche verwandt werden. Die Kupplung kann so bemessen werden, daß sie die für den Betrieb erforderliche Überlastbarkeit des Antriebsmotors auszunutzen ermöglicht und gerade noch das Grenzmoment des Motors überträgt. Diese Kupplungen sind im Handel für Motoren bis zu mehreren 100 PS-Leistung erhältlich.

6. Drehstrommotor mit Schleifringläufer. Der Drehstrommotor mit Schleifringläufer ist die im Eigenbedarf für Antriebe größerer Leistung hauptsächlich in Frage kommende Motorart. Der Hauptvorteil dieses Motors liegt in seinem hohen Anfahrmoment und in der geringen Stromaufnahme beim Anlassen. Dieser Motor wird daher hauptsächlich auch dort verwendet werden müssen, wo das Anfahrmoment des Kurzschlußläufermotors nicht mehr ausreicht, oder wo eine Verstellung der Drehzahl im geringen Umfang notwendig ist.

Der Anlaßwiderstand, welcher beim Anlassen des Motors stufenweise abgeschaltet wird, liegt in der zu Schleifringen geführten offenen Rotorwicklung. Bei passender Dimensionierung des Anlaßwiderstandes kann auch ein Anfahrdrehmoment bis zum etwa 2,5fachen des normalen Momentes erreicht werden. Der Motor nimmt dabei einen Strom auf, der ungefähr dem zu leistenden Anlaufmoment verhältnisgleich ist. Das Kippmoment, das ist der Betrag, bis zu welchem der Motor über sein normales Moment stoßweise überlastet werden kann, beträgt im allgemeinen das 2—2,2fache des Nennmomentes.

Da in den Eigenbedarfsbetrieben die Motoren in den weitaus meisten Fällen längere Zeit durchlaufen, sollten die Schleifringläufermotoren möglichst mit Kurzschluß- und Bürstenabhebevorrichtungen, die durch einen Hebel am Motor bedient werden, ausgerüstet sein. Die Bürsten und Schleifringe werden dann beim vollen Lauf geschont und außerdem auch noch die durch die Bürsten erzeugten Reibungsverluste gespart.

Wie schon erwähnt wurde, ist es möglich, daß Drehstrommotoren beim Zurückgehen der zugeführten Spannung durch die Last festgebremst werden und stehenbleiben. Wird ein Schleifringläufermotor dann nicht vom Netz getrennt, so nimmt er bei Wiederkehr der Spannung bei kurzgeschlossenem Rotor seinen Kurzschlußstrom auf und kann leicht zerstört werden.

Bei unaufmerksamer Bedienung ist eine Beschädigung des Motors auch wahrscheinlich, wenn der Motor durch Öffnen des Ständerschalters bei kurzgeschlossenem Rotor stillgesetzt und beim späteren Wiedereinschalten übersehen wird, daß die Bürsten abgehoben und die Rotorwicklung noch kurzgeschlossen ist. Gegen solche Bedienungsfehler kann man sich aber leicht durch eine elektrische Verriegelung des Schalterantriebes mit der Bürstenabhebevorrichtung schützen, welche das Einlegen des Ständerschalters nur in der Anlaufstellung des Motors gestattet.

Bei Motoren mit angebauter Anlaßwalze (Abb. 47) sind diese Bedienungsfehler vollkommen ausgeschlossen, weil mit dem Handrad des Anlassers zwangläufig gleichzeitig auch der Bürstenabheber betätigt wird. Die Anlaßwalzen bis etwa 1000 V haben in der Regel auch einen eingebauten dreipoligen Ständerschalter mit Selbstauslösung, welche bei unzulässiger Stromerhöhung oder auch infolge Ausbleibens der Spannung in Wirksamkeit tritt. Während der Anlaßperiode wird eine Auslöseerschwerung vorgesehen, so daß die beim Anlassen auftretenden Stromspitzen für die Auslösung unwirksam werden. Die Apparate besitzen Freiauslösung und können daher beim Vorhandensein von kurzschlußartigen Stromstörungen im Motor weder eingeschaltet noch festgehalten werden. Da bei Verwendung solcher Anlaßwalzen besondere Ständerschalter entbehrt werden können und außerdem für die Aufstellung getrennter Anlasser oft wenig Raum vorhanden ist, werden Motoren mit angebauten Anlaßapparaten in der Hausanlage von Kraftwerken im allgemeinen sehr viel verwendet. Da viele der Motoren durch ungeschultes Personal bedient werden, ist der Einbau von Einrichtungen, die Bedienungsfehler verhindern, sehr angezeigt.

Bei verschiedenen Einrichtungen ist es sehr wichtig, daß deren Antriebsmotoren, die durch Spannungsrückgang stehengeblieben sind, bei Wiederkehr der Spannung möglichst selbsttätig anlaufen. Werden betriebsnotwendige Einrichtungen mit Schleifringläufermotoren versehen, so sollte man selbsttätige Anlaßvorrichtungen verwenden. Der Ständerschalter und Anlasser des Motors erhalten dann motorische Antriebe. Ist ein Motor wegen Wegbleiben der Spannung stehengeblieben und durch ein Spannungsrückgangsrelais vom Netz getrennt, so wird bei Wiederkehr der Spannung zuerst der Anlasserhebel zurückgedreht, der Läuferkurzschluß aufgehoben und der gesamte Rotorwiderstand eingeschaltet. Bei Wiederkehr der Spannung wird der Ölschalter des Motors selbsttätig eingelegt, bei geschlossenem Schalter dann der motorische Antrieb des Anlassers betätigt und der Motor in Gang gesetzt. Handelt es sich um einen Regulieranlasser, so kann durch eine zusätzliche Einrichtung auch erreicht werden, daß der Motor auf dieselbe Drehzahl gebracht wird, wie vor der Unterbrechung. Je nach der Größe des Motors wird sich der gesamte Anlaßvorgang, gerechnet vom Zeitpunkt der Abschaltung durch den Spannungsrückgangsauslöser bis zum Anlassen auf volle Drehzahl, in etwa 15—20 Sekunden abspielen, vorausgesetzt, daß die Spannung sofort nach der Abschaltung wiederkehrt.

7. Drehzahlregelung durch Regulieranlasser. Schaltet man in den Läuferstromkreis eines Schleifringmotors mehr oder weniger Widerstand, so kann man die Drehzahl des belasteten Motors ändern. Die Drehzahlregulierung kann also mit dem normalen Motoranlasser, dessen Kontakte und Widerstände in diesem Falle für Dauerbelastung bemessen werden müssen, erfolgen.

Diese Art Regelung der Drehzahl hat aber große Nachteile. Einmal ist die im Regulieranlasser in Wärme umgesetzte Energie verloren und dann verändert sich auch die einmal eingestellte Drehzahl mit der Belastung. Die Drehzahl fällt bei zunehmender und steigt bei abnehmender Belastung des Motors. Da der Asynchronmotor, gleiches Drehmoment vorausgesetzt, auch bei Teildrehzahl dem Netz die volle Leistung entnimmt, von der ein Teil im Regelwiderstand in Wärme umgesetzt wird, arbeitet ein Motor mit Anlasserregulierung sehr unwirtschaftlich (s. Abb. 56—59). Die Anlasserregulierung sollte daher nur für Antriebe verwendet werden, die selten und für kurze Zeit eine Veränderung der Drehzahl in geringen Grenzen verlangen.

Die Spezialschaltungen für verlustlose Drehzahlregelung eines Asynchronmotors, welche die Schlupfenergie des Motors wieder nutzbringend verwerten, kommen für Antriebe in den Eigenbedarfsanlagen von Kraftwerken weniger in Frage. Diese Schaltungen werden aber für Spezialantriebe in verschiedenen Industrien für Motoren größerer Leistung mit bestem Erfolg verwandt.

Zum Antrieb maschineller Einrichtungen, die eine Regelung der Drehzahl in weiteren Grenzen verlangen und einen großen Teil der Jahresbetriebsstunden mit Teildrehzahl betrieben werden, sollte man aus wirtschaftlichen Gründen nicht den normalen Schleifringläufermotor mit Anlasserregulierung verwenden. Für solche Antriebe werden zweckmäßig Drehstromspezialmotoren eingebaut.

8. Drehzahlregelung durch Polumschaltung. Die Drehzahl eines asynchronen Drehstrommotors ist abhängig von der Frequenz des zugeführten Stromes, der Polzahl des Ständers und vom Schlupf. Bei gegebener Frequenz ändert sich die Drehzahl etwa umgekehrt mit der Polzahl, durch Änderung der Polzahl ist daher eine Drehzahlregelung möglich.

Solche polumschaltbaren Motoren sind so gebaut, daß man während des Betriebes die Zahl der Pole ändern kann, ohne den Motor abstellen zu müssen. Die Ständerwicklung wird je nach den gewünschten Drehzahlstufen mehrfach unterteilt, und durch einen einfachen Umschalter wird von einer auf die andere Polzahl umgeschaltet. Bei Spannung bis 250 V werden im allgemeinen einfache Hebelumschalter verwendet, darüber hinaus Steuerwalzen oder Umschalter unter Öl. Um Leitungen zu sparen, wird man den Umschalter möglichst in der Nähe des Motors anordnen oder auch am Motor direkt anbauen.

Eine gebräuchliche Ausführung ist die mit 2, 3 oder 4 verschiedenen Polzahlen mit den entsprechend verschiedenen Drehzahlen. Ein Nachteil des polumschaltbaren Motors ist darin zu sehen, daß die Abstufung der Drehzahlen nur sprungweise erfolgen kann und an die durch die Drehstromverhältnisse gegebenen Werte gebunden ist.

Viele Werke haben den großen Vorzug dieses Motors, mit sehr einfachen Mitteln eine verlustlose Drehzahlregelung zu erhalten, erkannt und verwenden den Motor für Antriebe im Kesselhaus.

Für eine Drehzahlregelung im Verhältnis 1 : 2 sind die Wicklungshälften bei der höheren Drehzahl in Reihe und bei der niederen Drehzahl parallel geschaltet. Wird ein Drehzahlverhältnis von z. B. 1 : 3 gefordert, so erhalten die Motoren im Ständer gewöhnlich zwei getrennte Wicklungen, eine davon ist umschaltbar und die zweite in ihrer Polzahl der dritten Drehzahl angepaßt. Bei einer Regelung im Verhältnis 1 : 4 ist jede der getrennten Wicklungen von der einfachen auf die doppelte Polzahl umschaltbar.

Abb. 36 zeigt den Ständer eines polumschaltbaren Motors für die synchronen Drehzahlen 1500/750/1000 und 500 und die Leistungen 7,3/3,6 und 4,8/2,4 kW. Der Ständer hat zwei Wicklungen, eine für die Drehzahlen 1500 und 750, die andere für die Drehzahlen 1000 und 500. Dazu ist zu bemerken, daß ein Motor mit einer größeren Drehzahlregelung, die eine doppelte Wicklung notwendig macht, im Modell etwas größer wird. Der Wirkungsgrad eines solchen Motors wird dann wegen der schlechteren Ausnutzung des Modelles etwas niedriger. In den meisten Fällen beschränkt man sich daher möglichst nur auf zwei Drehzahlstufen.

Abb. 36. Ständer eines polumschaltbaren Motors mit zwei Wicklungen.

Für das Anlassen des polumschaltbaren Motors gilt im wesentlichen das beim Kurzschluß- bzw. Wirbelstromläufermotor Gesagte.

c) Drehstrom-Reihenschlußmotor.

Der Drehstrom-Reihenschlußmotor gestattet durch Bürstenverschiebung eine einfache, feinstufige und praktisch verlustlose Einstellung jeder gewünschten Betriebsdrehzahl, bei hohem Anfahrdrehmoment und gutem Leistungsfaktor. Diese wertvollen Eigenschaften machen den Drehstrom-Reihenschlußmotor zu einer sehr brauchbaren Antriebsmaschine, wenngleich seine Wartung infolge des Kommutators und der Bürsten mehr Aufmerksamkeit erfordert als ein normaler Drehstrommotor mit Kurzschluß- oder Schleifringläufer.

Der Drehstrom-Reihenschlußmotor ist ein ständergespeister Drehfeldmotor, dessen Läufer nicht in sich kurzgeschlossen ist, sondern mittels eines Kommutators und eines Bürstensystemes mit dem Ständer in Reihe geschaltet ist. Der Motor hat im Ständer eine normale Dreiphasenwicklung, die einerseits an das Netz, andererseits an den auf dem Kommutator schleifenden Bürstensatz angeschlossen ist. Der Läufer trägt eine normale Gleichstromtrommelwicklung, die in üblicher Weise mit dem Kommutator verbunden ist. Um eine gute Kommutierung zu erhalten, sind die Bürsten je nach der Ständerspannung des Motors entweder direkt oder über einen Zwischentransformator mit der Ständerwicklung verbunden.

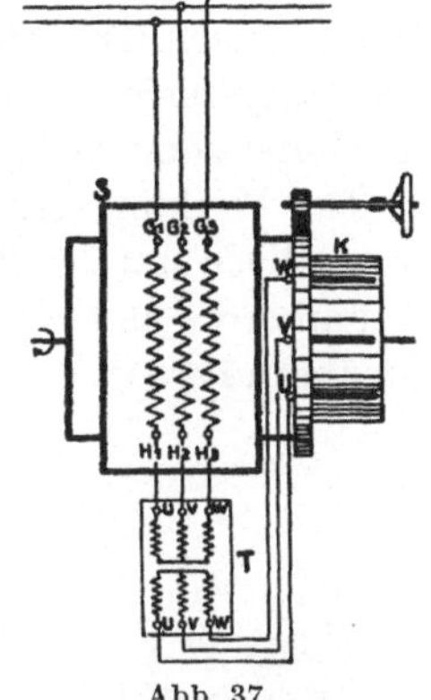

Abb. 37.
Drehstrom-Reihenschluß-
motor mit Zwischentrans-
formator.

Der Drehstrom-Reihenschlußmotor mit Zwischentransformator, Abb. 37, wird überall dort angewandt, wo die Netzspannung unter etwa 550 V liegt. Bei höheren Spannungen wird in der Regel ein Vordertransformator nach Abb. 38 vorgesehen[1]). Dieser Transformator ist für die volle aufgenommenc Leistung des Motors zu bemessen, während der Zwischentransformator nach Abb. 37 nur für 50—60 vH der Motorleistung bemessen wird. Der Zwischentransformator wird um so kleiner, je geringer der verlangte Regelbereich des Motors ist.

Das Anlassen und die Regelung des Motors erfolgen durch Verstellung der Bürsten; irgendwelche zusätzlichen Apparate, wie Anlasser und dergleichen, sind nicht erforderlich. Die Bedienung des Motors und die Einstellung jeder gewünschten Betriebsdrehzahl ist also sehr einfach.

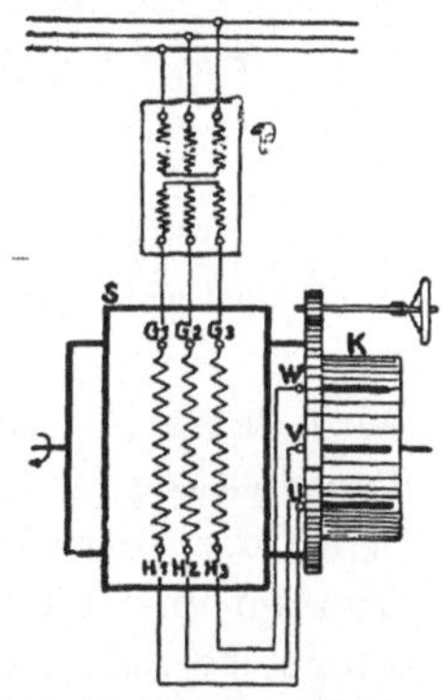

Abb. 38. Drehstrom-Reihenschlußmotor mit Vorder-
transformator.

Der Regelbereich des Drehstrom-Reihenschlußmotors beträgt bei konstantem Moment etwa 50 vH untersynchron bis etwa 25 vH übersynchron. Bei Motoren zum Antrieb von Ventilatoren und rotierenden Pumpen, die mit quadratisch steigendem Moment arbeiten, kann dieser Regelbereich im Untersynchronismus noch erweitert werden.

Infolge der Reihenschluß-Charakteristik können die Motore bei starken Entlastungen, wie sie z. B. bei Riemenantrieb vorkommen

---

[1]) Bei größeren Leistungen können die Motoren bis zu 3000 V für direkten Netzanschluß ausgeführt werden.

können, zu hohe Drehzahlen annehmen, die eine Gefährdung des Motors herbeiführen können. Eine Begrenzung der Leerlaufdrehzahl kann aber auf einfachste Weise durch entsprechende Bemessung des Zwischentransformators erreicht werden. Bei Anwendung eines Vordertransformators ist ein Zentrifugalschalter vorzusehen, der beim Übersteigen der höchstzulässigen Drehzahl den Motor durch Betätigung des Hauptschalters vom Netz trennt.

Der Wirkungsgrad eines Reihenschlußmotors ist im allgemeinen bei Normallast um 5—6 vH geringer als der eines entsprechenden Asynchronmotors und bleibt (s. Abb. 57) während eines weiten Regelbereiches annähernd konstant. Schon bei mäßig untersynchroner Drehzahl übertrifft aber der Wirkungsgrad des Reihenschlußmotors den des Asynchronmotors mit Widerstandsregelung ganz erheblich. Der Leistungsfaktor bei den obersten Drehzahlen nähert sich dem Wert 1 (s. Abb. 59) und nimmt bei tieferen Drehzahlen ab.

Abb. 39. Ventilator, angetrieben durch einen Drehstrom-Reihenschlußmotor 40 kW bei 380 Volt, 50 Per/s, 1050 Umdr/min. Regelbereich 500 — 1050 Umdr/min.

Der Drehstrom-Reihenschlußmotor ist infolge seiner Ausführung mit Kommutator natürlich teurer als der gewöhnliche Drehstrominduktionsmotor; er wird daher nur für Antriebe verwandt werden, welche eine häufige und verlustlose Drehzahlregelung über einen großen Bereich verlangen, z. B. für die Antriebe der Unterwind- und Saugzugventilatoren.

Kommt nur eine Abwärtsregelung der Drehzahl auf kürzere Zeit in Frage, so hat natürlich die Verwendung eines Kommutatormotors keine Berechtigung, da der Asynchronmotor bei voller Drehzahl hinsichtlich Wirkungsgrad dem Kommutatormotor überlegen ist, und die Verluste des Asynchronmotors während des kurzzeitigen Betriebes mit Teildrehzahl ohne weiteres in Kauf genommen werden können. Im Abschnitt VIIe ist eine Wirtschaftlichkeitsberechnung eines Antriebes mit Drehstrom-Reihenschlußmotor im Vergleich zu einem gewöhnlichen Drehstrommotor mit Anlasserregulierung aufgestellt.

Ein großer Vorteil des Reihenschlußmotors ist aber auch darin zu erblicken, daß mit verhältnismäßig einfachen Mitteln eine Fernsteuerung des Motors erreicht werden kann. Es ist lediglich notwendig, die Bürstenbrücke des Motors mit einem kleinen elektrischen Verstellapparat zu versehen. Abb. 39 zeigt einen solchen Drehstrom-Reihenschlußmotor von 40 kW für Antrieb eines Unterwindgebläses. Für die Fernsteuerung des Motors ist der Bürstenverstellapparat mit einem kleinen vertikalen Verstellmotor ausgerüstet. Die Betätigung des Verstellmotors kann dann mittels Druckknöpfen vom Kesselpult bzw. von der Kesselhauskommandobühne aus oder auch durch die Taktgeber selbsttätiger Feuerungsregler erfolgen.

Abb. 40 zeigt einen kleineren Motor von etwa 20 kW in ventiliert geschlossener Bauart. Der Motor ist allseitig geschlossen und daher vor Verstaubung und Beschädigung geschützt. Durch Öffnen der Verschlußdeckel ist jederzeit eine Überwachung und Bedienung des Motors möglich. Ein fliegend auf der Motorwelle angeordneter Ventilator saugt die zur Kühlung des Motors erforderliche Frischluft aus dem Betriebsraum oder durch Luftkanäle aus dem Freien. Die Frischluft bestreicht den im Motorfuß eingebauten Zwischentransformator, das Ständergehäuse und wird an der Kommutatorseite durch den Abluftstutzen in den Betriebsraum gedrückt.

Abb. 40. Drehstrom-Reihenschlußmotor in ventiliert geschlossener Bauart.

Ein in die seitliche Gehäusewand des Motors eingebauter Primärschalter, der mit der Bürstenbrücke gekuppelt ist, trennt den Motor beim Rückführen der Bürsten in die Anfahrstellung vom Netz. Die Betätigung der Bürstenbrücke und des Primärschalters erfolgt durch den in der Abbildung ersichtlichen Handhebel, kann aber auch mit motorischem Antrieb für Fernsteuerung eingerichtet werden.

Für Motoren größerer Leistung kann eine Kapselung und ein Schutz gegen Verstaubung sehr gut dadurch erreicht werden, daß der Motor in ein gut abgedichtetes Blechgehäuse eingebaut wird. In Abb. 39 sind die Anbauteile für den Blechschutzkasten zu ersehen und Abb. 61 zeigt den Motor am Betriebsort.

d) Drehstrom-Nebenschlußmotor.

Bei einigen Antrieben, z. B. für die Speiseeinrichtungen der Brenner in Kohlenstaub- und Ölfeuerungsanlagen ist es notwendig, daß die einmal eingestellte Motordrehzahl auch bei Änderung des Lastdrehmomentes konstant bleibt. Das Antriebsmoment z. B. für Staubschnecken für die Zufuhr des Kohlenstaubes in den Brenner wird infolge der wechselnden Reibung innerhalb der Förderschnecke Schwankungen unterworfen sein. Für eine gleichmäßige Verbrennung ist aber eine gleichbleibende Fördergeschwindigkeit notwendig. Für solche Antriebe ist also ein starres Nebenschlußverhalten des Motors erwünscht. Gleichzeitig müssen solche Motoren aber auch eine stufenlose und leichte Drehzahlverstellung in weiten Grenzen gestatten.

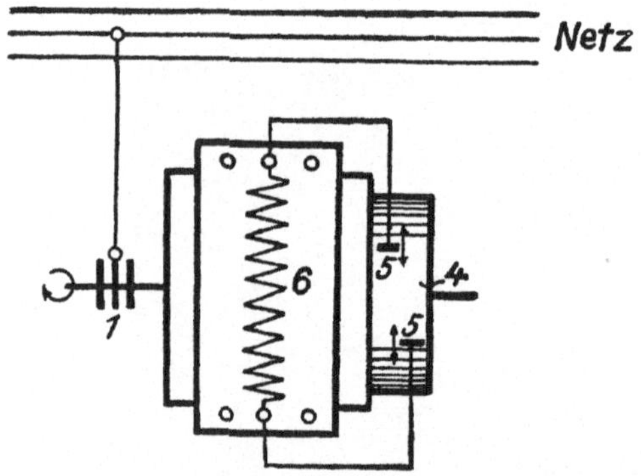

Abb. 41. Drehstrom-Nebenschlußmotor mit Läuferspeisung und Drehzahlregelung durch Burstenverschiebung.
1 Schleifringe (Netzanschluß) 5 Gegenläufige Bürsten
4 Kommutator 6 Ständerwicklung

Der Drehstrom-Nebenschlußmotor ist ein solcher praktisch verlustlos regelbarer Drehstrommotor mit Nebenschluß-Charakteristik. Er ist ein läufergespeister Drehstrommotor, dessen sekundärer Teil, in diesem Falle also der Ständer, mit Hilfe eines Kommutators auf eine im Läufer befindliche Hilfswicklung geschaltet ist (Abb. 41). Durch diese Hilfswicklung ist es möglich, ohne Zuhilfenahme von energieverzehrenden Widerständen die Drehzahl praktisch verlustlos zu regeln und dem Motor Nebenschluß-Charakteristik zu verleihen.

Abb. 42 zeigt deutlich das Nebenschlußverhalten des Motors bei veränderlichem Drehmoment. Der Drehzahlabfall ist naturgemäß in Hundertteilen bei den untersten Drehzahlen größer als bei den oberen. Der Wirkungsgrad bleibt während eines großen Drehzahlbereiches praktisch konstant und fällt erst bei den unteren Drehzahlen ab.

Der Regelbereich beträgt bei diesen Motoren etwa 50 vH untersynchron bis 45 vH übersynchron. Wie beim Drehstrom-Reihenschlußmotor erfolgt auch hier das Anlassen und die Regelung des Motors durch Verstellen der Bürsten. Die Bedienung und die Einstellung der gewünschten Betriebsdrehzahl ist also sehr einfach.

Die Bürstenbrücke des Nebenschlußmotors kann auch mit einem kleinen Verstellmotor versehen werden, so daß mit verhältnismäßig einfachen Mitteln eine Fernsteuerung des Motors erreicht wird. Die Betätigung des Verstellmotors kann dann mittels Druckknöpfen von den Kesselpulten oder der Kommandobühne oder auch durch die Taktgeber der selbsttätigen Feuerungsregler erfolgen.

Für den Antrieb von Staub- oder Ölspeiseeinrichtungen ist der Nebenschlußmotor auch deshalb sehr geeignet, weil die Geschwindigkeitsänderung sprunglos und nicht wie bei allen Motoren mit Anlasserregulierung stufenweise erfolgt. Bei Verwendung des Drehstrom-Nebenschlußmotors ist also eine sehr genaue Drehzahleinstellung und Dosierung von Brennstoff und Luft möglich.

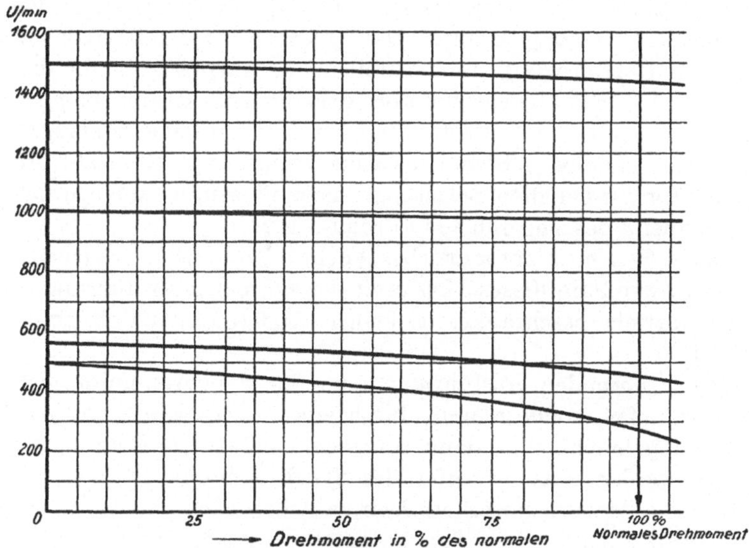

Abb. 42. Drehzahlkurven eines Drehstrom-Nebenschlußmotors 20 kW bei 220/380 Volt, 50 Per/s, 1000 Umdr/min. Drehmoment veränderlich.

Auch bei dem Nebenschlußmotor wird die Bürstenbrücke beim Wegbleiben der Spannung selbsttätig in die Anlaßstellung zurückgedreht. Die Steuerung kann auch so eingerichtet werden, daß bei Wiederkehr der Spannung die Bürstenbrücke von selbst wieder die vorher eingenommene Stellung einnimmt.

Da die beiden Läuferwicklungen des Nebenschlußmotors elektrisch vollkommen getrennt ausgeführt werden, ist der Drehstrom-Nebenschlußmotor der teuerste Drehstromregulierantrieb, und er wird daher nur dort verwandt, wo technische und unter Umständen auch wirtschaftliche Gründe für ihn sprechen. Näheres über die Verwendung des Drehstrom-Nebenschlußmotors in Kohlenstaubanlagen s. Abschnitt VII i.

e) Synchronmotor.

Durch die Frage der Verbesserung des Leistungsfaktors ist in letzter Zeit auch der Synchronmotor mehr in den Vordergrund des Interesses gerückt. Das einfachste und wirksamste Mittel, in der Eigenbedarfsanlage einen günstigen Leistungsfaktor zu erhalten, besteht in der Verwendung von Synchronmotoren für Antriebe mit größerer Leistung und entlastetem Anlauf.

Der Synchronmotor entspricht in der Ausführung genau einem Synchrongenerator, dem elektrische Leistung zugeführt wird. Bei entsprechender Erregung arbeitet der Synchronmotor mit $\cos\varphi = 1$ und kann bei Übererregung noch voreilenden, wattlosen Strom ins Netz zurückgeben. Ein Synchronmotor, der für Vollast auf $\cos\varphi = 1$ einreguliert ist, gibt bei Teillasten und bei Leerlauf ohne Nachregulierung erheblichen wattlosen Strom ins Netz zurück. Die Drehzahl des Synchronmotors ist bei allen Belastungen genau konstant, solange sich nicht die Frequenz des zugeführten Stromes ändert.

Da der Synchronmotor erst bei synchronem Lauf Arbeit leisten kann, ist die Anwendung dieses Motors in der normalen Ausführung nur auf solche Antriebe beschränkt, die kein besonderes Anlaßdrehmoment benötigen.

In der normalen Ausführung kann der Synchronmotor nicht von selbst anlaufen, sondern muß durch eine äußere Kraft auf synchrone Drehzahl gebracht und dann mit dem speisenden Netz parallel geschaltet werden. Das Anwerfen des Synchronmotors kann durch einen besonderen Anwurfsmotor erfolgen, welcher nach erfolgtem Anlassen und Parallelschalten des Synchronmotors mittels einer ausrückbaren Kupplung abgekuppelt wird. Treibt der Synchronmotor eine Gleichstrommaschine an, so kann zum Anlassen auch die Gleichstrommaschine herangezogen werden, wenn für die Zeit des Anlassens Gleichstrom aus einer anderen Stromquelle zur Verfügung steht. Die Gleichstrommaschine arbeitet dann während der Anlaßperiode als Motor und bringt den Synchronmotor auf Touren. Ist für die Erregung des Synchronmotors eine direkt angebaute Gleichstromerregermaschine vorgesehen, so kann diese bei entsprechender Dimensionierung auch zum Anwerfen des Motors verwandt werden, so daß ein besonderer Anwurfsmotor gespart wird. Die normale Leistung der Erregermaschine reicht aber im allgemeinen nicht aus, um einen Synchronmotor oder einen ganzen Motorgenerator anzuwerfen. Die Erregerleistung beträgt normal ca. 2—3 vH der Leistung des Synchronmotors, während aber zum Andrehen eines Synchronmotorgenerators mittlerer Größe eine Maschinenleistung von etwa 10 vH der Motorleistung notwendig ist.

Alle die vorstehend genannten Anlaßmethoden sind umständlich und erfordern wegen der notwendigen Synchronisierung sorgfältige Bedienung. Das kann bei einer Störung in der Eigenbedarfsversorgung sehr nachteilig sein, z. B. dann, wenn eine schnelle Inbetriebnahme eines Synchronmotors notwendig ist und die Aufmerksamkeit der Bedienung durch eine vorangegangene Störung abgelenkt wird.

Man hat daher diese Anlaßmethoden fast allgemein verlassen und verwendet soweit als möglich nur Synchronmotoren mit Selbstanlauf. Bei diesen bildet man den Dämpferkäfig, den jeder Synchronmotor zur Abschwächung auftretender Pendelungen haben muß, so aus, daß er für den Anlauf der Maschine nutzbar gemacht werden kann. Der Dämpferkäfig ist eine aus blanken, untereinander verbundenen Kupferstäben bestehende Wicklung, die durch die Polschuhe des Magnetrades gezogen ist. Bei geeigneter Bemessung dieses Käfigankers kann man den Synchronmotor wie einen gewöhnlichen Asynchronkurzschlußankermotor anlassen. Bei direkter Ständereinschaltung entwickelt ein Synchronmotor ungefähr sein Normalmoment bei einem Stromstoß von etwa dem 10—15fachen des Normalstromes.

Wegen dieses hohen Stromstoßes legt man die Ständer größerer Synchronmotoren nicht an die volle Netzspannung, sondern verwendet Anlaßtransformatoren und Stufenschalter zum Anlassen mit Teilspannung. Der das Netz belastende Strom verringert sich dann im Quadrat der angelegten Spannung. Gleichzeitig geht jedoch auch das Anlaufmoment im gleichen Verhältnis zurück. Wenn der Stromstoß den normalen Vollaststrom des Motors nicht wesentlich überschreiten soll, kann man durch zweckmäßige Dimensionierung der Käfigwicklung bei Synchronmotoren mittlerer Leistung noch ein Anfahrmoment von etwa 25—30 vH des Vollastmomentes erzielen. Der Synchronmotor mit asynchronem Anlauf ist deshalb nur für Betrieb mit relativ geringem Anlaufmoment, z. B. zum Antrieb von Gleichstromdynamos für Umformerzwecke, für Riemenantriebe mit Leerscheibe und unter Umständen auch für Pumpen und Ventilatoren, geeignet. Je nach der Größe des Motors und je nach den äußeren Schwungmassen, die beim Anlauf mit zu beschleunigen sind, wird der Motor in etwa 30—60 Sekunden auf seine Synchrondrehzahl kommen. Da eine Synchronisierung nicht mehr erforderlich ist, ist die Bedienung eines solchen Motors sehr einfach.

Abb. 43 zeigt die Schaltung eines Synchronmotors für Selbstanlauf mit Anlaßtransformator in Sparschaltung und Stufenschalter.

Als Anlaßtransformator kann unter Umständen je nach Schaltung der Eigenbedarfsanlage auch einer der Haustransformatoren verwandt werden, wenn er mit geeigneten Anzapfungen versehen wird.

Sind beim Anlassen größere Stromstöße zulässig, so können die Synchronmotoren auch mit einem etwas größeren Anfahrmoment als 30 vH des normalen Drehmomentes ausgeführt werden. Zur Dimensionierung des Motors muß jedoch die Drehmomentkurve, die der Motor beim Anlauf in Abhängigkeit von der Drehzahl entwickeln muß, genau bekannt sein.

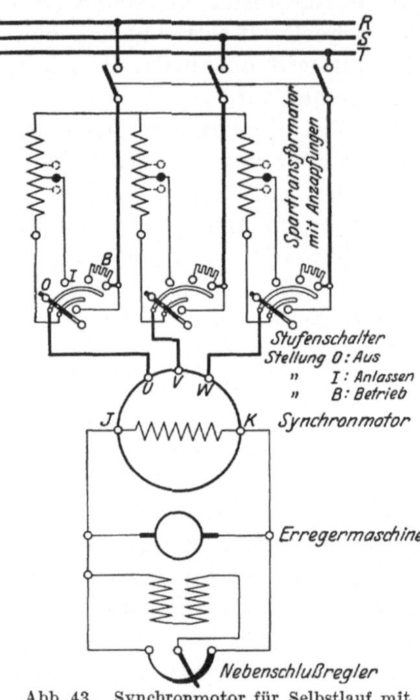

Abb. 43.　Synchronmotor für Selbstlauf mit Stufenschalter und Spartransformator.

Trotzdem die Synchronmotoren teurer sind als Asynchronmotoren, vor allen Dingen weil sie besondere Erregermaschinen erfordern, werden die Synchronmotoren in der Eigenbedarfsanlage zu Umformerzwecken gern benutzt. Sie verbessern den $\cos \varphi$ des Hausnetzes und gestatten vor allen Dingen beim Vorhandensein einer größeren Leistungsbatterie auch ein Rückarbeiten aus der Batterie zur Stromversorgung wichtiger Drehstromantriebe beim Stromloswerden der Hauptanlage. Da die Dämpferwicklung auch die Neigung des Synchronmotors zum Pendeln verhindert, ist der Betrieb des Synchronmotors ebenso stabil wie der von Asynchronmotoren.

f) Gleichstrom-Nebenschlußmotor.

Die Gleichstrom-Nebenschlußmotoren werden für 110, 220 und 440 V ausgeführt. Kleinere Motoren werden im allgemeinen für 110 und 220 V, Motoren mittlerer Leistung für 110, 220 und 440 V und größere Motoren für 220 und 440 V ausgeführt.

Die Drehzahl eines Gleichstrom-Nebenschlußmotors ist, gleichbleibende Spannung an den Klemmen vorausgesetzt, von der Belastung praktisch unabhängig. Das Anlaufdrehmoment beträgt etwa das Doppelte des normalen Drehmomentes, welches durch die Größe und Drehzahl des Motors gegeben ist.

Der Wirkungsgrad ändert sich natürlich auch hier mit der Belastung, und das früher über die Wahl zu reichlicher Motortypen Gesagte gilt auch für die Gleichstrommotoren im Hinblick auf deren Wirkungsgrad.

1. Drehzahlregelung im Hauptstrom und Nebenschluß. Die Drehzahl eines Gleichstrom-Nebenschlußmotors ist abhängig von der zugeführten Spannung, und es ist daher eine sehr einfache Drehzahlregulierung durch

Änderung der dem Anker zugeführten Spannung möglich. Die Verstellung der Drehzahl kann durch einen entsprechend bemessenen Regulieranlasser im Hauptstrom erfolgen, die einmal eingestellte Drehzahl ändert sich aber mit der Belastung des Motors. Der Wirkungsgrad dieser Regulierungsart ist sehr schlecht, da in dem Regulieranlasser das Produkt, Ankerstrom mal abgedrosselte Spannung, in Wärme umgesetzt wird.

Die Anlasserregulierung von Gleichstrommotoren wird daher nur für Antriebe, die vorübergehend eine Drehzahlregulierung in nicht zu weiten Grenzen verlangen, angewendet. Für Motoren, die oft und in weiten Grenzen reguliert werden müssen, kommt die Anlasserregulierung wegen Unwirtschaftlichkeit nicht in Frage.

Die Drehzahl eines Gleichstrom-Nebenschlußmotors kann aber auch noch durch Änderung des Erregerfeldes geregelt werden, und zwar steigt die Drehzahl bei Schwächung des Feldes. Diese Regelung im Nebenschluß des Motors hat den großen Vorteil, daß die Verluste im Regelwiderstand im Verhältnis zur vollen Motorleistung verschwindend klein sind und somit hierdurch eine nahezu verlustlose Regelung erreicht wird.

Bei dieser Drehzahlregelung muß der Motor das verlangte Drehmoment auch bei geschwächtem Feld noch abgeben können und ist deshalb schlechter ausgenützt. Das Modell wird infolgedessen größer, wodurch sich neben dem schlechteren Wirkungsgrad auch höhere Anlagekosten ergeben. Der Nebenschlußregelung ist daher in Bezug auf die Größe des Regelbereiches eine wirtschaftliche Grenze gezogen.

Gleichstrommotoren mit Nebenschlußregelung werden zweckmäßig für solche Antriebe verwendet, die mit einer normalen Drehzahl durchlaufen und während bestimmter Zeiten eine Steigerung der Drehzahl erfordern.

Die Nebenschlußregelung wird vor allen Dingen für solche Antriebe gewählt werden müssen, bei welchen die einmal eingestellte Drehzahl unabhängig von der Belastung aufrechterhalten werden muß, z. B. zum Antrieb der Speiseeinrichtungen bei Staubfeuerung. Bei der Drehzahlregelung durch Feldänderung ergibt sich nur ein unbedeutender Drehzahlenabfall zwischen Leerlauf und Vollast. Die Drehzahl ist bei Leerlauf nur deshalb wenige Hundertteile höher als bei Vollast, weil der Spannungsabfall im Anker mit sinkendem Strom kleiner wird.

Häufig werden beide Regelarten, Regulierung im Hauptstromkreis durch Regulieranlasser und Regulierung im Nebenschluß durch Nebenschlußregler, kombiniert. Es erhält dann der Motor neben seinem normalen Anlasser im Ankerstromkreis noch einen Nebenschlußregler zur Drehzahlerhöhung. Anlasser und Nebenschlußregler werden, wie in Abb. 44 dargestellt, in der Regel in einem Apparat vereinigt, so daß für Anlassen und Regelung nur ein Regler zu betätigen ist. In dieser Form findet der Nebenschlußmotor wohl die meiste Anwendung, und zwar wählt man die Drehzahlverhältnisse zweckmäßig so, daß von der Hauptstromregulierung möglichst wenig Gebrauch gemacht werden muß und der größere Teil des Regulierbereiches in der Nebenschlußregulierung liegt.

Die Drehzahl eines Gleichstrommotors kann auch durch verschiedene Umschaltungen geändert werden. Werden z. B. für einen Antrieb zwei Gleichstrommotoren aufgestellt, so können die Anker dieser Motoren hintereinander und parallel geschaltet werden. Bei Hintereinanderschaltung ist die Drehzahl halb so groß wie bei Parallelschaltung. Dieses Verfahren ist sehr wirtschaftlich. Der Wirkungsgrad des Motorsatzes ist bei gleichem Drehmoment für die niedrigste Drehzahl nur wenig kleiner als bei der hohen Drehzahl. Diese Reihenparallelschaltung gestattet allerdings nur eine sprungweise Regulierung, doch kann eine weitere Verstellung der Drehzahl noch mittels Hauptstrom- oder Nebenschlußreglern vorgenommen werden.

Auch bei einem Dreileitersatz hat man zwei verschiedene Spannungen zur Verfügung, die bei gleichbleibender Erregung eine wirtschaftliche Geschwindigkeitsregelung im Verhältnis 1 : 2 gestatten, wobei allerdings auf die Belastungsverhältnisse des Mittelleiters Rücksicht

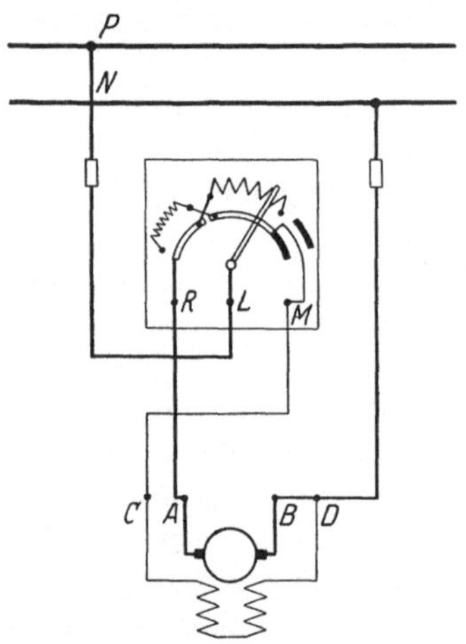

Abb. 44. Nebenschlußmotor, Anlasser vereinigt mit Nebenschlußregler.

genommen werden muß. Diese Regelarten machen besondere Umschaltungen notwendig, und sie werden in Eigenbedarfsanlagen auch weniger verwendet.

2. Ward-Leonardschaltung. Die Drehzahl eines Gleichstrommotors ist bei gleicher Erregung proportional der dem Anker zugeführten Spannung, durch Änderung dieser Spannung kann daher die Drehzahl des Motors geändert werden. Diese Art der Spannungsregelung ist unter dem Namen Ward-Leonardschaltung bekannt.

Der Anker des zu regelnden Motors wird an einen besonderen Generator angeschlossen, dessen Spannung durch Änderung seiner Erregung verändert wird. Jeder eingestellten Generatorspannung entspricht eine bestimmte Drehzahl der von diesem Generator gespeisten Motoren. Die einmal eingestellte Drehzahl der Motoren bleibt bei allen Belastungen praktisch unverändert. Diese Art Spannungsregelung kann für beliebig weite Grenzen vorgesehen werden, sie ist äußerst elastisch und wirtschaftlich.

In Abb. 55 ist die Verwendung der Ward-Leonardschaltung für die Steuerung der Rost- und Unterwindmotoren in einem Kesselhaus mit selbsttätiger Feuerführung dargestellt.

g) Mechanische Ausführungsformen der Elektromotoren.

Die verschiedenen Betriebsverhältnisse, unter denen die motorischen Antriebe im Maschinenhaus, Kessel- und Pumpenhaus, in der Staubaufbereitung usw. arbeiten müssen, machen es erforderlich, die Motoren gegen äußere schädliche Einflüsse zu schützen. Es handelt sich dabei in erster Linie um Schutz gegen mechanische Beschädigungen, gegen Tropf- bzw. Spritzwasser, gegen Feuchtigkeit und Verstaubung und unter Umständen auch gegen zu hohe Umgebungstemperatur und strahlende Hitze.

Die gewöhnliche Isolation der Wicklungen genügt vollständig, wenn die Motoren in staubfreien Räumen mit normaler Luftfeuchtigkeit aufgestellt werden. Motoren in Betriebsräumen, deren Luftfeuchtigkeit sich auch nur zeitweise als Kondenswasser ausscheiden kann, sowie in Räumen, in denen die Luft staubige und leitende Bestandteile enthält, müssen eine erhöhte Isolation der Wicklung (Sonderisolation genannt) erhalten. Diese Sonderisolation ist unter den genannten Betriebsverhältnissen sowohl für offene als auch geschlossene Motoren erforderlich.

Besonders für die motorischen Antriebe im Kesselhaus und in Kohlenstaubanlagen ist der Schutz der Motoren gegen Verstaubung sehr wichtig. Soweit es sich hierbei nur um trockenen unverbrannten Kohlenstaub handelt, ist eine Verstaubung für den Isolationswert der Motoren weniger gefährlich, da Kohlenstaub in der Regel nicht leitend ist. Bei einigen Antrieben, z. B. bei Saugzug- und Unterwindanlagen, Entaschung usw., handelt es sich jedoch nicht um unschädlichen, unverbrannten Kohlenstaub, sondern um Staub, der größtenteils aus Flugasche besteht. Flugasche ist jedoch, wie Herr Obering. Felix Finckh[1]) durch verschiedene Untersuchungen festgestellt hat, unter bestimmten Umständen leitend und hat oft auch noch magnetische Eigenschaften. Solche Flugasche kann die Isolationsoberflächen in einem Motor leitend machen und Wicklungsüberschläge einleiten.

Der offene Motor eignet sich für alle normalen Betriebe, in denen keine besondere Feuchtigkeits- oder Staubentwicklung vorkommt. Wie Abb. 45 zeigt, kann durch entsprechende Konstruktion auch bei offenen Motoren die zufällige oder fahrlässige Berührung der stromführenden und inneren umlaufenden Teile sowie das Eindringen von Fremdkörpern er-

---

[1]) „Die Flugaschegefahr in Turbogeneratoren-Kraftwerken". Mitteilung der Vereinigung der Elektrizitäts-Werke, Nr. 379, Februar 1925.

schwert werden. Gegen Staub und Feuchtigkeit der Luft sowie gegen Tropfwasser ist der offene Motor nicht geschützt.

In den Abb. 46 und 47 sind Motoren in tropfwassersicherer Ausbildung abgebildet; das Eindringen senkrecht fallender Wassertropfen ist durch eine Schutzhaube über den Schleifringen und über der Luftaustrittsöffnung im Rücken des Ständers verhindert.

Muß der Motor gegen das Eindringen von Wassertropfen und Wasserstrahlen aus beliebiger Richtung geschützt werden, so kommt die ventiliert gekapselte Ausführung nach Abb. 48

Abb. 45. Drehstrommotor in offener Ausführung.

in Frage. Bei dieser spritzwassersicheren Ausführung werden die Lagerschilde des Motors geschlossen und erhalten in der Regel einen nach unten gerichteten Luftzuführungsstutzen. Die Luft tritt von unten in das schleifringseitige Lagerschild und verläßt den Motor am anderen Lagerschild durch eine normal ebenfalls nach unten gerichtete Ausblaseöffnung. Schleifringe bzw. Kommutator und Bürsten sind durch verschließbare Klappen an den Lagerschildern zugänglich. Die Seiten-

Abb. 46. Drehstrommotor in tropfwassersicherer Ausführung.

schilder sind so ausgeführt, daß auch der Luftspalt jeder zeit leicht kontrolliert werden kann. Der Motor hat Selbstbelüftung durch einen auf der Welle angebrachten Ventilator. Durch die erhöhte Kühlung kann ein solcher ventiliert gekapselter Motor in der Regel dieselbe Leistung abgeben wie ein offener Motor derselben Größe.

Muß ein Motor in einem besonders staubhaltigen Raum aufgestellt werden, so kann die Lufteintrittsöffnung des ventiliert gekapselten Motors mit einem Rohranschlußstutzen versehen werden, so daß der Motor durch eine Rohrleitung reine Luft aus einem anderen Raum oder von außen ansaugen kann. Die Abluft kann entweder unmittelbar in den Raum austreten, oder, wenn eine Verstaubung des stillstehenden Motors durch die Luftaustrittsöffnung möglich ist, kann auch der Luftaustrittsstutzen einen Rohranschluß erhalten. Diese Rohrleitungen dürfen bei einem gegebenen Mindestquerschnitt eine bestimmte Länge, z. B. 10—15 m, aber nicht überschreiten, weil bei zu hohen Leitungswiderständen die in den Motoren eingebauten Ventilatoren nicht mehr genügend Luft fördern. Bei längeren Rohrleitungen dürfen die Motoren nicht mit ihrer vollen Nennleistung belastet werden. Es ist daher notwendig, bei solchen

Abb. 47. Drehstrommotor in tropfwassersicherer Ausführung.

Abb. 48. Drehstrommotor in ventiliert gekapselter Ausführung.

Anordnungen die Lüftungsanlage vom Motorlieferanten nachprüfen zu lassen.

Bei Ausführung der Luftkanäle in Mauerwerk oder Beton muß der Kanalquerschnitt wegen der erhöhten Luftreibung um etwa 15—20 vH größer gewählt werden. In den Saug- und Abluftkanälen sollte man Verschluß- oder Umstellklappen möglichst vermeiden, da diese sehr oft falsch gestellt werden und zu Störungen Veranlassung geben. Bei Revisionen der Hausanlage empfiehlt es sich, auch die Luftkanäle zeitweise nachzusehen, um eine Verstopfung zu vermeiden.

Die ventiliert gekapselte Ausführung mit Rohrleitungen zur Frischluftzuführung wird besonders auch für Motoren, die in Betriebsräumen mit anormal hoher Lufttemperatur arbeiten müssen, in Frage kommen. Nach den Verbandsvorschriften sind die zulässigen Grenzwerte für die Erwärmung der Motoren unter der Voraussetzung ermittelt, daß die Kühlmitteltemperatur (Raumtemperatur) 35° C nicht überschreitet und die natürliche Lüftung des Motors auch sonst nicht behindert wird.

Die Antriebsmotoren der Saugzuggebläse, der Ventilatoren, die die Heizgase zur Trocknung der Kohle ansaugen, sowie die Antriebsmotoren von Heiztrommeln, Staubschnecken, Staubgebläsen, Rosten, Kesselspeisepumpen usw. arbeiten oft unter viel zu hoher Umgebungstemperatur, so daß oft größere Modelle aufgestellt werden müssen. Eine Herabsetzung der Belastung wird in den weitaus meisten Fällen auch dann notwendig, wenn ein Motor strahlender Hitze ausgesetzt ist. In manchen Fällen wird sich die Aufstellung eines größeren Motors, ganz abgesehen von der Verschlechterung des $\cos \varphi$, des Wirkungsgrades und bei manchen Motoren auch der Regulierbarkeit, aber wegen Platzmangel verbieten. Es muß dann die ventiliert gekapselte Ausführung gewählt werden und der Motor durch eine besondere Rohrleitung frische, kalte Luft aus einem benachbarten Raum oder besser noch direkt aus dem Freien ansaugen können.

Oft ist es auch empfehlenswert, die Motoren in offener Ausführung in besondere Kästen einzubauen, die durch eine Rohrleitung von einem für alle Motoren gemeinsamen Gebläse mit reiner Frischluft ventiliert werden. Die Schutzgehäuse werden zweckmäßig mit gut abgedichteten großen Glastüren zur Beobachtung und Bedienung des Motors versehen. Bei Kommutatormotoren wird man im Innern des Kastens noch eine Lampe anbringen, die bei Revision des Motors von außen eingeschaltet werden kann. Die Gruppenbelüftung ist auch für Motoren in ventiliert gekapselter Ausführung anwendbar und wird hauptsächlich für Motoren in Kohlenstaubanlagen in Frage kommen (s. Abb. 70). Bei Antrieben von Gebläsen ist, wie in Abb. 61 ausgeführt, manchmal eine sehr einfache Lüftung der Schutzkästen in Verbindung mit den Gebläsen zu erreichen.

Der ganz geschlossene Motor ohne irgendeine künstliche Kühlung wird wegen der ungünstigen Abkühlungsverhältnisse sehr groß und teuer.

Eine sehr gute und verhältnismäßig billige Ausführungsart des geschlossenen Motors sind die in den Abb. 49 und 50 dargestellten Motoren mit Umlaufrückkühlung. Das charakteristische Merkmal dieser Motoren sind zwei voneinander vollkommen getrennte Luftströme, die durch zwei auf der Motorenachse angebrachte und gegeneinander durch Zwischenwände abgedichtete Lüfter in ständiger Bewegung gehalten werden. Die Innenluft wird durch einen Lüfter in Umlauf gesetzt und durch die inneren Taschen eines Taschenkühlers geführt. Der Außenlüfter saugt die kühle Raumluft auf der Antriebsseite an, treibt sie durch die Außentaschen

Abb. 49.   Drehstrommotor mit Umlaufrückkühlung.

des Kühlers und kühlt dadurch die Innenluft zurück. Die Außenluftwege sind so bemessen, daß sich darin kein Staub festsetzen kann. Im Ge-

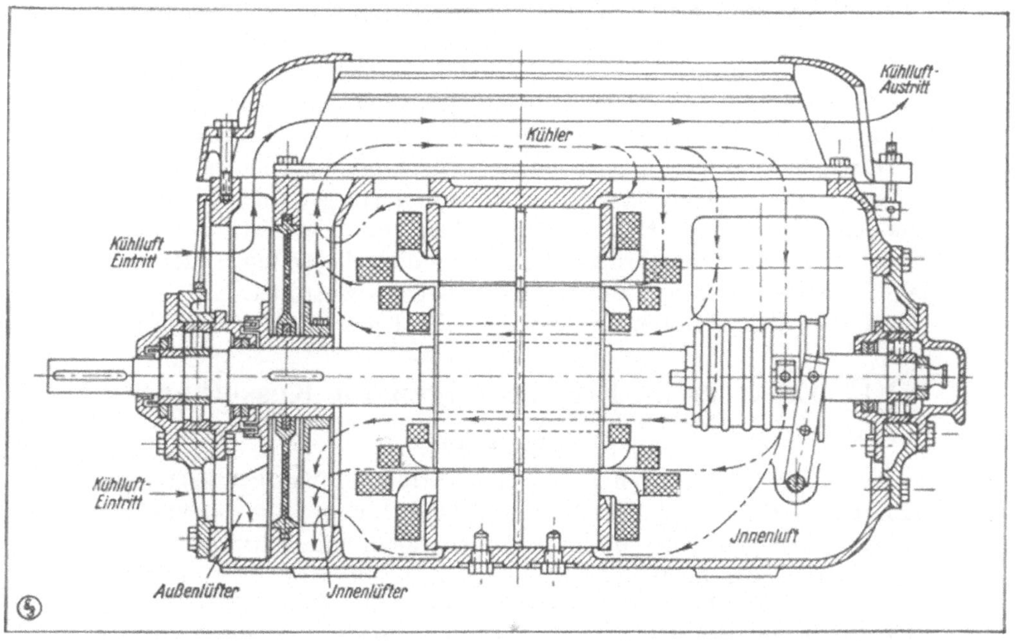

Abb. 50.   Schematischer Schnitt durch einen Drehstrommotor mit Umlaufrückkühlung.

häuse des Motors sind zum Nachsehen der Schleifringe und Bürstenabheber mit breiten Dichtungsflächen versehene Türen angebracht.

Eine andere Ausführungsart des geschlossenen Motors mit künstlicher Kühlung sind Motoren, bei denen die Innenluft durch einen mit dem Motor zusammengebauten Wasserrückkühler geführt wird.

In der nachstehenden Tabelle ist in den Spalten b und c das Preisverhältnis einiger der oben beschriebenen Ausführungsformen eines Drehstromschleifringläufermotors zum offenen Motor gleicher Leistung angegeben. Spalte a gilt für einen normalen offenen Motor ähnlich Abb. 45, Spalte b für einen ventiliert gekapselten Motor ähnlich Abb. 48 und Spalte c für einen Motor mit Umlaufrückkühlung nach Abb. 49.

Motorleistung	a	b	c
10 kW	1	1,4	2,8
30 kW	1	1,3	2,1
50 kW	1	1,2	1,9
80 kW	1	1,1	1,7

Abb. 51. Drehstrommotor mit gekapselten Schleifringen.

Die obengenannten Verhältniszahlen können sich je nach den Nennleistungen, für welche die Motoren in den verschiedenen Ausführungsformen im Handel zu haben sind, in geringem Umfang ändern.

Durch die Einführung der Kohlenstaubfeuerung haben auch Motoren mit gekapselten Schleifringen Interesse gewonnen, bei welchen die Entzündung schwebender Kohlenstaubteilchen verhindert ist. Bei Drehstrommotoren mit Schleifringläufer werden die gekapselten Schleifringe dann, wie Abb. 51 zeigt, außerhalb der Lager angeordnet.

Näheres über Motoren für Kohlenstaubanlagen im Abschnitt VII h.

VII. Elektrische Einrichtungen im Kesselhaus.

a) Allgemeines.

Wenn von Neuerungen und Fortschritten im Kraftwerksbau gesprochen wird, so gilt dies in erster Linie für die Entwicklung der Kesselhausanlagen von Großkraftwerken, denn die Entwicklung beschränkt sich hier nicht auf ein Teilgebiet, sondern brachte außer der Vergrößerung der Kesselfläche, der Erhöhung des Dampfdruckes, auch neue Feuerungssysteme und das Bestreben nach Mechanisierung der Bedienung des ganzen Kesselhausbetriebes.

Die verlangte und errechnete Ökonomie und Betriebssicherheit des Kesselhauses kann nur dadurch erreicht werden, daß sich die in einem modernen Kesselhaus in größerem Umfange notwendigen Hilfsbetriebe in vollkommenster Weise den Anforderungen des Kesselhausbetriebes anpassen. Die Wärmewirtschaft kann bei den bisher erzielten Wirkungsgraden kaum noch gesteigert werden, wohl läßt sich aber durch entsprechende Einrichtung der Eigenbedarfsanlage mit verhältnismäßig einfachen und billigen Mitteln eine Verminderung der Dampfkosten und eine Erhöhung der Betriebsbereitschaft des Werkes erreichen. Die Kesselleistung muß sich der schwankenden Kraftwerksbelastung mit geringsten Verlusten anpassen können, und das ist nur möglich, wenn die Hilfseinrichtungen eine leichte Beeinflußbarkeit der Kesselleistung gestatten.

Das Bestreben, den Kesselhausbetrieb, der bisher noch sehr weitgehend auf Handbedienung angewiesen war, zu mechanisieren, entspringt in erster Linie der wirtschaftlichen Forderung, die Bedienungskosten herabzusetzen. Tatsächlich kann auch festgestellt werden, daß der Ausrüstung der Kesselhaushilfsbetriebe erfreulicherweise jetzt viel mehr Aufmerksamkeit geschenkt wird als bisher, da erkannt wurde, daß im Kesselhausbetrieb mit billigen Mitteln sehr viel gespart werden kann. Die verhältnismäßig rasche Entwicklung in der Mechanisierung und Automatisierung der Kesselhausbedienung ist aber letzten Endes wohl auch darauf zurückzuführen, daß die leichte Regulierbarkeit der Kohlenstaubfeuerung die Umstellung auf einen mechanisierten Betrieb sehr unterstützt.

Die Zusammenfassung sämtlicher Funktionen der Kesselhausbedienung an einer Stelle ist nur möglich, wenn sämtliche motorischen Antriebe für die Brennstoff-, Luft- und Wasserzufuhr von dieser zentralen Stelle aus ferngesteuert werden können. Es würde über die Aufgabe dieses kleinen Buches hinausführen, Details über die notwendigen Steuerungseinrichtungen in hand-, halb- oder ganzautomatisch bedienten Kesselhäusern zu bringen; daher werden nur die Richtlinien für die zweckmäßige Auswahl der Motoren gegeben.

Wenn sich heute ein Kraftwerk noch nicht für eine zentralisierte Fernbedienungsanlage oder zur automatischen Feuerführung des Kesselhauses entschließen kann, so wird ein vorausblickender Ingenieur aber die einfachsten Vorbedingungen für die spätere Einführung dieser Einrichtung schon bei der Planung des Kraftwerkes dadurch schaffen können, daß er für die verschiedenen Antriebe von vornherein Motoren einbaut, die später ohne weiteres zur Fernbedienung von Hand oder zur automatischen Steuerung verwendet werden können. Da es sich dabei fast durchweg gleichzeitig um verlustlos regelbare Motoren handelt, wird sich der etwas höhere Anschaffungspreis dieser Motoren je nach der Lastlinie des Kraftwerkes auch in einem Kesselhaus mit der bisher gebräuchlichen Handbedienung in kürzester Zeit amortisieren

Da es gar nicht ausgeschlossen ist, daß, wie bei vielen anderen Gebieten der Technik, auch die Einführung des selbsttätigen Feuerungsbetriebes viel rascher vor sich geht, als zur Zeit angenommen wird, ist es bei der Neuheit dieser Einrichtung unbedingt notwendig, daß sich ein Elektrizitätswerk vor einer Erweiterung des Werkes oder bei der Projektierung eines neuen Kraftwerkes über den Stand der Entwicklung informiert und sich ein Urteil schafft, wie weit die Entwicklung gediehen ist und wohin sie voraussichtlich letzten Endes führen wird.

Es ist natürlich unmöglich, alle Vorkehrungen für eine spätere Umstellung auf Zentralisierung oder Automatisierung des Kesselhausbetriebes zu treffen. Für die Projektierung der Eigenbedarfsanlage eines Kraftwerkes ist es aber unbedingt notwendig, sich von vornherein über die Stromart und die Motortypen, die im Kesselhaus mit Rücksicht auf eine spätere Umstellung verwendet werden sollen, klar zu werden.

b) Kesselhaus-, Meß- und Kommandobühne.

Die Zentralisierung der Kesselhausbedienung in einer von der Schaltbühne des elektrischen Teiles des Kraftwerkes vollkommen getrennten „Kesselhaus-, Meß- und Kommandobühne" ist als Vorläufer der vollkommenen Automatisierung des Kesselhausbetriebes anzusehen. Ähnlich wie auf der Schaltbühne des elektrischen Teiles alle für die Regelung der Generatoren, die Steuerung und Überwachung der Hauptschaltanlage notwendigen Apparate und Instrumente untergebracht sind, enthält auch die Kesselhausbühne alle Steuerorgane und Instrumente für eine Fernüberwachung und Fernsteuerung des ganzen Kesselhausbetriebes. Ebenso wie die Spannungsregelung der Generatoren durch Einbau selbsttätiger Regler in die Schaltbühne des elektrischen Teiles automatisiert wurde, wird es einem Kraftwerk mit zentralisierter Kesselhausbedienung mit fortschreitender Entwicklung der Apparate für die automatische Feuerführung leichter werden, durch Einbau dieser für die Dampfseite natürlich ungleich schwierigeren Apparate auf ganz automatischen Betrieb überzugehen, als einem anderen Werk mit handbedientem Kesselhaus.

Eine zentrale Bedienung des ganzen Kesselhauses trägt, ganz abgesehen von den Ersparnissen an Betriebskosten, der Forderung nach Einfachheit und Sicherheit des Betriebes mehr Rechnung, als im allgemeinen angenommen wird. Alle Kessel werden in wirtschaftlichster Weise zur Dampferzeugung herangezogen und falsche Maßnahmen der einzelnen Heizer vermieden. Während in einem fernbedienten Kesselhaus mit mechanischen Rosten noch Personal zur Beobachtung des Verbrennungsvorganges auf den Rosten vorhanden sein muß, ist in einem Kesselhaus mit Kohlenstaubfeuerung praktisch keine Bedienung der Kessel mehr notwendig; zur Überwachung der Einzelflammen in den verschiedenen Kesseln wird ein Mann genügen. Mit der schnellen Einführung der Kohlenstaubfeuerung ist daher auch das Interesse und die Nachfrage nach zentraler Steuerung des Kesselhausbetriebes sehr gestiegen.

Auf der Kesselhausbühne sind neben den zur Fernüberwachung und Registrierung des Arbeitens der Kesselanlage notwendigen Instrumenten auch sämtliche Apparate zur Regulierung der motorischen Kesselhaushilfsantriebe untergebracht. Die Kesselhausbühne wird für den dampftechnischen Teil also die direkt zeigenden und registrierenden Instrumente zur Messung des Dampfdruckes, der Dampfmengen, der Dampf- und Rauchgastemperaturen, ferner die Instrumente für die Zugmessung und Kontrolle der Verbrennung, unter Umständen auch noch die Temperaturmessung für den ganzen Speisewasserkreislauf und für den elektrischen Teil die Einrichtungen zur Schaltung und Beeinflussung der Drehzahl der verschiedenen motorischen Antriebe enthalten. Je nach der Art der Feuerung werden die Antriebsmotoren der Roste, der Unterwind- und Saugzuggebläse, der Zubringer und Brennerventilatoren, der Rauchgasschieber, der Dampf- und Speisewasserventile usw. von der Kesselhausbühne aus ferngesteuert.

Die Belastung der verschiedenen Kessel oder Kesselgruppen wird von dieser Schaltbühne aus durch elektrische Steuerung von dem leitenden Kesselhausingenieur oder Oberheizer eingestellt. Zur Betätigung einiger der genannten Antriebe können auch noch Druckknöpfe im Kesselhausflur angeordnet werden, so daß die Ein- oder Ausschaltung und Regelung von der Bühne oder von dem Heizerstand aus erfolgen kann.

Ebenso wie in der Schaltbühne des elektrischen Teiles des Kraftwerkes die Teilung der Einzelfelder der Einteilung der Betriebseinheiten entspricht, sind auch die Instrumente und Steuerapparate für jeden Kessel bzw. jede Kesselgruppe auf einem Pult vereinigt. Da es sich bei der Fernsteuerung der Motoren in der Regel nur um eine Verstellung der zugehörigen Anlasser bzw. Bürstenbrücken durch kleine Hilfsmotoren handelt, brauchen auf den Schaltpulten nur kleine Druckknöpfe oder einfache Steuerschalter bzw. die Antriebe der Steuerwalzen vorgesehen zu werden. Bei großen Kraftwerken wird es sich wegen der großen Entfernung unter Umständen empfehlen, wichtige Motoren, die täglich öfter an- und abgestellt werden, von der Kesselhausbühne aus ein- und auszuschalten.

In der Kesselhausbühne, die zweckmäßigerweise in einem besonderen staubgeschützten Raum untergebracht wird, wird in der Regel auch noch ein Belastungsfernzeiger angeordnet. Die jeweilige Belastung des Werkes wird vom Schalttafelwärter des elektrischen Teiles in gewissen Zeitabständen durch Addition in seinem Betriebsbuch festgestellt und durch einen Geberapparat den im Kesselhaus, Maschinenhaus und Betriebsleiterbureau angeordneten Empfängerapparaten übermittelt. Auf diesen werden gewöhnlich noch Lichtsignale, „Achtung", „Belastung steigt — fällt" vorgesehen, durch welche Belastungsänderungen unter gleichzeitigem Ertönen eines akustischen Signales und durch Lampen avisiert werden können. Eine solche Signalanordnung wird hauptsächlich in Kraftwerken notwendig sein, die mit anderen parallel arbeiten, damit bei Ausfall eines der fremden Werke

Abb. 52.   Kesselhaus-Meßbühne im Kraftwerk Moabit der Berliner
Städtischen Elektrizitätswerke Akt.-Ges.

sofort nach der Meldung mit dem Hochheizen der Kessel begonnen wird. Bei Staubfeuerung können schwachbelastete oder abgedämpfte Kessel in wenigen Minuten auf volle Spannung gebracht werden. In selbständigen Kraftwerken sind Belastungsfernzeiger weniger notwendig, weil dem Bedienungspersonal der zeitliche Verlauf der Lastlinie schon nach wenigen Betriebsmonaten aus Erfahrung bekannt ist.

In Deutschland konnte sich bisher — nach Kenntnis des Verfassers — noch kein Großkraftwerk zu einer vollkommen zentralen Steuerung des Kesselhausbetriebes entschließen. Wohl sind aber in mehreren Werken die Kesselhäuser mit einer sogenannten „Meßbühne" ausgerüstet, in welcher die zur Auswertung der Wärmewirtschaft und Untersuchung der Wirtschaftlichkeit des Kesselbetriebes notwendigen Apparate und Registrierinstrumente gewöhnlich in Pultform angeordnet sind, während die Bedienung der Kessel nach wie vor durch die Heizer erfolgt. Abb. 52 zeigt eine von Siemens & Halske gelieferte Meßbühne im Kraftwerk Moabit der Berliner Städtischen Elektrizitätswerke Akt.-Ges. Es ist angezeigt, die einzelnen Pulte solcher Meßbühnen gleich so zu bemessen, daß die Einrichtungen für eine Fernsteuerung der motorischen Antriebe evtl. nachträglich noch eingebaut werden können.

Während in Kesselhäusern mit zentraler Steuerung die Kesselschilde nur noch mit wenigen Anzeigeinstrumenten ausgerüstet werden, muß in Kraftwerken mit handbedienten, aber mit Meßbühne ausgerüsteten Kesselhäusern für jeden Kessel doch noch ein Schild mit einem vollkommenen Satz Instrumente (Abb. 53) zur Kesselüberwachung vorgesehen werden. Die Verständigung zwischen der Meßbühne und den einzelnen Heizerständen erfolgt telephonisch oder durch besondere Signale.

Abb. 53. Instrumententafel für Kesselüberwachung mit Manometer, Dampfmesser, Temperaturmesser für Abgas- und Überhitzertemperatur, CO_2- und $CO + H_2$-Messer und Zugmesser.

In Kesselhäusern ohne Kommandobühne ist es aber notwendig, die Bedienung der großen Kessel dadurch zu erleichtern, daß die elektrischen Steuerungen aller zu einem Kessel gehörenden Hilfsbetriebe wie Unterwind, Saugzug, Staubschnecken und Staubgebläse bzw. Roste, Rauchgasschieber, Dampfventile usw an einer Stelle vereinigt werden. Man gibt dann jedem Kessel ein besonderes Bedienungspult, auf dem die Apparate zur Drehzahlverstellung der Motoren, die Steuerschalter zum Ein- und Ausschalten der Motoren, die Stromzeiger zur Kontrolle der Belastung der Motoren usw. untergebracht sind. Die Anlasser der kleineren Motoren für die Roste oder Speiseeinrichtungen können dann im Innern und die zugehörigen Handräder auf der Vorderseite der Pulte angeordnet werden. Mit diesen Pulten werden dann zweckmäßig auch die Kesselschilde mit den zur Kesselüberwachung notwendigen Instrumenten vereinigt, so daß jeder Heizer alle zur Bedienung des Kessels erforderlichen Instrumente und Steuerorgane übersichtlich und bequem an einer Stelle zusammengebaut hat.

Abb. 54. Kesselhausflur eines großen Kraftwerkes mit Kohlenstaubfeuerung.

Die Instrumente zur Kesselüberwachung sind dann in Stehhöhe sehr leicht abzulesen und besser zu übersehen als auf Kesseltafeln in der üblichen Anordnung.

Abb. 54 zeigt den Kesselhausflur eines großen Kraftwerkes mit getrennten Tafeln für die Instrumente zur Kesselüberwachung und für die Bedienung der elektrischen Hilfseinrichtungen der zugehörigen Kessel[1]).

c) Selbsttätige Feuerungsregelung.

In den letzten Jahren sind selbsttätige Feuerungsregler auf den Markt gekommen, die nach den veröffentlichten Berichten in verschiedenen Kraftwerken zuverlässig und mit gutem Erfolg arbeiten.

---

[1]) Von der Kohlenscheidungs-Gesellschaft m. b. H., Berlin, zur Verfügung gestellt.

In Deutschland ist der selbsttätige Feuerungsbetrieb noch ziemlich unbekannt, mit der Einführung der Kohlenstaubfeuerung ist das Interesse der Elektrizitätswerke an Feuerungsreglern aber erheblich reger geworden.

Das Bestreben nach Automatisierung des Kesselhausbetriebes schließt so lange noch ein Risiko ein, als sich die entwickelten Apparate nicht durch mehrjährige Betriebserfahrungen als durchaus zuverlässig erwiesen haben. Da aber viele Hilfsmittel und Konstruktionseinzelheiten, die für den Aufbau dieser Regler benötigt werden, in anderen Industriezweigen zum Teil bereits vorhanden und sich auch gut bewährt haben, wird die Entwicklung und Anwendung der selbsttätigen Feuerungsregler namentlich für Kraftwerke mit Kohlenstaubfeuerung oder Hochdruckkesseln viel schneller vor sich gehen, als zur Zeit von vielen Seiten noch angenommen wird. Die Schwierigkeiten, die bei der automatischen Bedienung von Kesselhäusern mit Rostfeuerungen beobachtet wurden und hauptsächlich in der Notwendigkeit der Kontrolle des Verbrennungsvorganges auf den Rosten bestanden, können bei der Kohlenstaubfeuerung nicht auftreten.

Die bisher konstruierten Apparate arbeiten im wesentlichen auf konstanten Dampfdruck im Kesselhaus. Das letzte Ziel, einen Großkessel in Abhängigkeit von der an der Turbine abgegebenen Leistung selbsttätig zu bedienen, ist noch nicht erreicht. Mit der fortschreitenden Vergrößerung der Kesseleinheiten ist es aber durchaus nicht ausgeschlossen, daß in einiger Zeit auch bei großen Leistungen ein Kessel mit dazugehöriger Turbine eine einzige Einheit bilden wird. Bei Staubfeuerungskesseln läßt sich heute schon eine viel höhere Beanspruchung als bisher erzielen, und es sind schon neuartige Kesselbauarten bekannt, die den Bau von Kesseleinheiten auch für die größten, bisher gebauten Maschinenleistungen als möglich erscheinen lassen. Eine selbsttätige Feuerungsregelung für einen solchen Satz — Kessel, Turbine, Generator — abhängig von der abgegebenen Leistung des Generators, liegt daher durchaus im Rahmen der Entwicklung für diese Regler.

Wenn auch die bisher bekannten Feuerungsregler noch nicht so weit erprobt sind, daß sie sich in nächster Zeit auch in Deutschland allgemein einführen werden, so ist es in diesem Buch doch notwendig, darauf hinzuweisen, da sich einige der bisher entwickelten Regler in weitestgehendem Maße die Vorteile der leichten Regulierung der motorischen Antriebe für die Brennstoff- und Luftzufuhr nutzbar machen.

Ein selbsttätiger Feuerungsregler hat im wesentlichen die Aufgabe, die Kesselhausfeuerung so zu führen, daß der Dampfdruck bei allen Belastungsschwankungen konstant bleibt und die Verbrennung bei allen Leistungen möglichst wirtschaftlich arbeitet. Es muß also einmal die Brennstoffzufuhr abhängig vom Dampfdruck reguliert und dann gleichzeitig die Luftzufuhr der veränderten Brennstoffmenge angepaßt werden, indem der Rauchgasprüfer entweder unmittelbar oder über zwischengeschaltete Verstärkereinrichtungen den Regler beeinflußt. Die Rauchgasprüfer sind also dann nicht nur Bedienungsmeßgeräte, sondern bilden einen Bestandteil der Reglereinrichtungen.

Zur Regelung der Brennstoffzufuhr müssen die Antriebe der Roste bzw. der Staubaufgeber verstellt werden, und das richtige Mischungsverhältnis zwischen Brennstoff und Luft muß bei allen Belastungen durch Regelung der zugeführten Luftmenge erfolgen. Zu diesem Zwecke

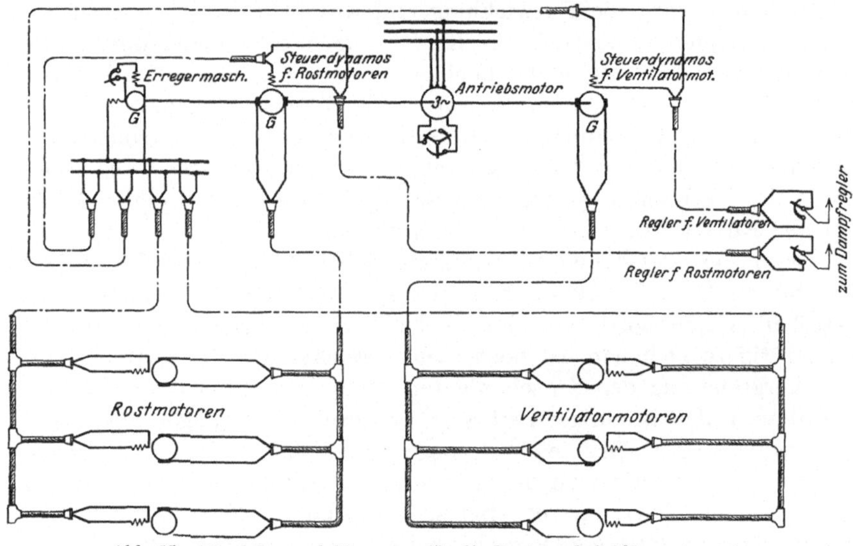

Abb. 55. Ward-Leonard-Steuerung für die Rost- und Gebläsemotoren im Hudson-Avenue-Kraftwerk. (Prinzipschaltbild.)

müssen die zu regelnden Hilfsmaschinen Antriebsmotoren, die eine möglichst sprunglose Verstellung der Drehzahl gestatten, erhalten. Damit der einmal eingestellte Gleichgewichtszustand nicht durch unbeabsichtigte Änderungen der Motordrehzahlen gestört wird, wird es sich empfehlen, für Antriebe, bei denen eine Änderung des Lastmomentes möglich ist, Motoren mit Nebenschluß-Charakteristik zu verwenden.

Die Taktgeber der selbsttätigen Feuerungsregler verstellen entweder die Anlaßeinrichtungen der zu regelnden Motoren direkt oder arbeiten auf die Reglereinrichtungen besonderer Steuerdynamos, die eine Gruppe gleichartiger Motoren versorgen.

In der Zeitschrift des „Vereins Deutscher Ingenieure", Jahrgang 1926, Heft 21 und 25, ist von Herrn Dipl.-Ing. E. Schulz ein ausführlicher Überblick über die bisher im In- und Ausland entwickelten Feuerungsregler und deren Arbeitsweise gegeben. Aus diesem Bericht geht auch hervor, welche Anforderungen bei den verschiedenen Systemen an die motorischen Antriebe und deren Steuerungen gestellt werden.

Es sei hier auch auf die in der Zeitschrift „Electrical World" vom 26. November 1925 veröffentlichte Beschreibung der automatischen Verbrennungsüberwachung im Hudson-Avenue-Kraftwerk hingewiesen. Für die dort eingebaute Smoot-Regleranlage wird zur Steuerung der Rost- und Unterwindventilatoren die Ward-Leonard-Schaltung benutzt, die in Abb. 55 im Prinzip dargestellt ist. Die Rost- und Unterwindgebläse von 12 Kesseln werden durch Gleichstrommotoren angetrieben, und die Energie für diese Motoren wird durch 3 Motorgeneratoren — davon einer Reserve —, die im Maschinenhaus aufgestellt sind, geliefert. Jeder Umformer besteht aus einem Antriebsmotor, der einen 1000 kW-Gleichstromgenerator für die Unterwindmotoren, einen 200 kW-Gleichstromgenerator für die Rostmotoren und einen 100 kW-Generator für die Aschenanlage und die Erregung antreibt. Die Rost- und Ventilatormotoren arbeiten nach dem Ward-Leonard-System, in dem durch den Smoot-Feuerungsregler die Feldstärke der zugehörigen Steuerdynamos geändert wird. Die Rost- und Unterwindmotoren erhalten dann die für die gewünschte Geschwindigkeit erforderliche Spannung aufgedrückt. In Störungsfällen kann mittels Ausschaltern die ganze Feuerungsautomatik oder auch einzelne Teile derselben außer Betrieb gesetzt und auf Handbetrieb übergegangen werden. Tritt ein solcher Fall ein, so wird das Personal durch Signale aufmerksam gemacht und die Hand- oder Fernbedienung der Kessel eingeleitet.

d) Wahl der Stromart für das Kesselhaus.

Der Energiebedarf für die motorischen Antriebe der Bekohlung, der Kohlenaufbereitung, der Kesselspeisepumpen, der Zugerzeugung sowie für die übrigen Kesselhausantriebe wird je nach dem zur Verfügung stehenden Brennstoff, Umfang der Bekohlungsanlage, Art der Feuerung, Höhe des Kesseldruckes usw. etwa 2—6, vH, unter Umständen noch mehr, der installierten Kraftwerksleistung betragen. Die Projektierung der Eigenbedarfsanlage eines Kraftwerkes wird daher in erster Linie mit von den Anforderungen der Kesselhausversorgung ausschlaggebend beeinflußt.

Da die modernen, wasserarmen Kesseltypen gegen Störungen der Brennstoffzufuhr sehr empfindlich sind, muß für viele Kesselhauseinrichtungen eine störungsfreie Stromversorgung der motorischen Antriebe gefordert werden. Das gilt namentlich für Kesselhäuser mit Kohlenstaubfeuerung, während bei mechanischer Rostfeuerung z. B. ein kürzerer Stillstand der Rostmotoren, wegen der auf den Rosten aufgeschichteten Brennstoffmengen, weniger unangenehm sein wird.

Bei der gebräuchlichen Versorgung sämtlicher Eigenbedarfsantriebe des Kraftwerkes durch Haustransformatoren können sich Störungen in der Hauptanlage auch auf den Kesselhausbetrieb übertragen. Bei einer solchen Anordnung kann daher von einer absoluten Sicherstellung des Kraftzuflusses für die motorischen Antriebe des Kesselhauses nicht gesprochen werden. Dieser Tatsache hat der moderne Kraftwerksbau auch insofern schon Rechnung getragen, als für die wichtigen Antriebe im Kesselhaus mehr als früher Gleichstrom verwandt wird, dessen Lieferung durch eine große Reservehausbatterie sichergestellt ist. Näheres siehe Abschnitt III: „Versorgung des Gleichstromeigenbedarfes".

In Kraftwerken ohne besondere Hausturbinen wird man für wichtige Antriebe und solche, die eine weitgehende Drehzahländerung erfordern, Gleichstrom wählen und Drehstrommotoren für solche Einrichtungen vorsehen, deren kurzfristiger Ausfall die Betriebsführung nicht direkt beeinflußt. Gleichstrom wird also in erster Linie für die Rostmotoren, Zubringer und Brennerventilatoren und unter Umständen auch für die Gebläsemotoren der Zuganlagen vorzusehen sein. Mit Drehstrommotoren können dann alle Brennstoff-, Förder- und Mahleinrichtungen, die auf Zwischen- oder Sammelbunker arbeiten, und die Einrichtungen, für welche noch Reservehilfsturbinen vorhanden sind, angetrieben werden.

Ein sicherer Kraftzufluß für die ganze Kesselhausversorgung ist aber auch bei Verwendung von Drehstrom gewährleistet, wenn die Stromversorgung der Eigenbedarfsanlagen des ganzen Kraftwerkes durch besondere unabhängige Hausgeneratoren erfolgt. In einem solchen Werk steht dem nichts im Wege, für alle Antriebe im Kesselhaus Drehstrom zu wählen, um so mehr, als die Industrie die notwendigen Drehstromspezialmotoren, die eine feine Drehzahlverstellung über einen großen Regelbereich gestatten, entwickelt hat. Die bei Drehstrom-Reihenschluß- und Nebenschlußmotoren mögliche Drehzahländerung wird für die in Frage kommenden Antriebe in den weitaus meisten Fällen genügen. Wenn z. B. bei Staubfeuerungen eine weitergehende Regelung notwendig ist, so müssen für solche Antriebe dann Gleichstrommotoren gewählt werden.

Die Wahl der Stromart für die Kesselhausantriebe hängt also in erster Linie davon ab, ob in dem Kraftwerk unabhängiger Drehstrom oder Gleichstrom von genügender Leistung zur Verfügung steht.

Für die Wahl der Stromart und Motortypen ist aber weiter auch ausschlaggebend, ob es sich um ein Kesselhaus mit normaler Handbedienung oder Fernbedienung von einer zentralen Kesselhausbühne oder um ein Kesselhaus mit ganz selbsttätiger Feuerführung handelt. Es ist zu empfehlen, bereits bei der Planung des Kraftwerkes zu überlegen, ob das Kesselhaus vorerst zwar für Handbedienung eingerichtet, später aber zentral oder ganz automatisch gesteuert werden soll. In den verschiedenen Fällen werden an die Eigenschaften der Antriebsmotoren und auch an die Zusammenarbeit einzelner Antriebe Anforderungen gestellt, die nur durch Verwendung bestimmter Motoren und Schaltungen erfüllt werden können.

e) Saugzug- und Unterwindanlagen.

In großen Kraftwerken werden in letzter Zeit für die Abführung der Rauchgase mehr als bisher künstliche Zuganlagen vorgesehen. Die Entscheidung, ob für ein Kraftwerk natürlicher Zug mit gemauerten Schornsteinen oder eine künstliche Zuganlage gewählt werden soll, ist von verschiedenen Umständen abhängig.

Die großen Vorteile der künstlichen Zuganlage, wie Ersparnis an Gebäudekosten und bebauter Grundfläche, Wegfall der Schornsteinfundamente und der dafür notwendigen Grundfläche, bessere Übersichtlichkeit und Zugänglichkeit der Kessel, keine Abhängigkeit der Zugstärke von der Abgastemperatur usw., bringen es mit sich, daß bei sonst gleichen Verhältnissen oft künstlichen Zuganlagen der Vorzug gegeben wird. Elektrizitätswerke, die mit einer beschränkten Baufläche und evtl. auch hohen Grundstückpreisen rechnen müssen, neigen mehr zur Verwendung künstlicher Zuganlagen. Die gemauerten Schornsteine nehmen viel Platz in Anspruch und kommen oft wegen des äußeren Gesamtbildes des Kraftwerkes nicht in Frage.

In bestimmten Fällen kann aber eine natürliche Zuganlage die gegebene und billigere Lösung darstellen, und es muß daher bei der Planung des Werkes von Fall zu Fall die wirtschaftlichere Zugart bestimmt werden.

Ganz abgesehen davon, daß die Erstellungskosten für eine künstliche Zuganlage auch bei Berücksichtigung der viel höheren Kosten für Abschreibung und der Betriebsausgaben für die Ventilatorantriebe in den meisten Fällen niedriger sind als die Kosten gemauerter Schornsteine, kann man mit einer künstlichen Zuganlage die erforderlichen Zugverhältnisse leichter erreichen als mit einer natürlichen. Sofern beim Saugzugbetrieb auf eine möglichst weitgehende Verstellung der Drehzahl Rücksicht genommen wurde, hat man es ohne weiteres in der Hand, die Luftmenge und Zugstärke beliebig zu beeinflussen und genau den jeweiligen Anforderungen und Spitzenleistungen anzupassen.

Bei Verfeuerung bestimmter Kohlensorten, namentlich minderwertiger Kohle, und Verwendung bestimmter Rostmodelle (Unterschubroste) wird fast nur mit Unterwind gearbeitet. Unter gegebenen Verhältnissen wird daher auch eine Kombination beider Systeme, also Unterwind- und Saugzug in Frage kommen.

Da gewöhnlich jeder Kessel seinen eigenen Blechschlot erhält, höchstens aber 2 Kessel an einen gemeinsamen Schornstein angeschlossen werden, wird sich auch bei großen Kesseleinheiten, bei welchen es sich um die Förderung beträchtlicher Rauchgasmengen handelt, für die Gebläse eine Drehzahl ergeben, die noch wirtschaftlich mit einem direkt gekuppelten Antriebsmotor erreicht werden kann. Da die Drehzahl der Motoren in weiten Grenzen verstellt werden kann, wird nur unter ganz besonderen Verhältnissen ein Riemenantrieb notwendig werden.

Da die Blechschornsteine gewöhnlich so bemessen sind, daß ihr natürlicher Zug mindestens für die halbe Normallast und zum Anheizen ausreicht, werden die Saugzugventilatoren meistens so eingebaut, daß sie aus den Rauchgasen ausgeschaltet und die Kessel bei schwacher Belastung auch mit natürlichem Zug arbeiten können.

Die Regulierung des Zuges wird zweckmäßig nicht durch Drosselklappen, sondern durch Änderung der Drehzahl des Antriebsmotors erfolgen. Bei der Drosselregelung ergeben sich Energieverluste durch Luftwirbelungen und auch erhöhte Verluste im Ventilator, während bei elektrischem Antrieb eine wirtschaftliche Verstellung der Drehzahl in beliebig weiten Grenzen möglich ist.

Der Kraftbedarf eines Ventilators wächst mit der dritten Potenz der Drehzahl, da die wirklich erzeugte Pressung etwa mit dem Quadrat der Drehzahl und die gelieferte Windmenge proportional der Drehzahl zunimmt.

Die sekundlich abzusaugende Rauchgasmenge ist, je nachdem die Kessel mit normaler Leistung, maximaler Dauerleistung oder vorübergehender Maximalleistung gefahren werden, verschieden. Die Ventilatoren müssen bei der vorübergehenden Maximalleistung der Kessel zirka 40—50 vH schneller laufen als bei normaler Kesselbelastung. Bei Verwendung normaler Drehstromschleifringläufermotoren muß der Motor für diese größte Drehzahl gewählt werden, da bei diesem Motor eine Regulierung nach oben nicht möglich ist. Der Motor läuft dann selbst bei normaler Kesselbelastung den weitaus größten Teil der Jahresbetriebsstunden nur mit zirka $^1/_3$ oder noch weniger Last und mit einer Betriebsdrehzahl, die ganz wesentlich von der synchronen abweicht. Nur zur Deckung der Belastungsspitzen des Kraftwerkes wird die Drehzahl des Gebläses erhöht werden und der Motor also nur kurze Zeit mit seiner Nennleistung und Nenndrehzahl in Betrieb sein.

Da die Gebläsemotoren bei Teilbelastung der Kessel auch nach unten regulierbar sein müssen, ergeben sich in den weitaus meisten Fällen Verhältnisse, die die Aufstellung verlustlos regelbarer Antriebsmotoren durchaus rechtfertigen. Die Gebläsemotoren sind ja fast das ganze Jahr in Betrieb, und durch falsche Auswahl der Motoren kann sich eine bedeutende Erhöhung der laufenden Betriebskosten ergeben.

In Abb. 56 sind die Kraftverbrauchskurven für einen Ventilator mit Schieberdrosselung, Anlasserregelung und verlustloser Regelung dargestellt.

V_0 bedeutet die Luftmenge bei freiem Ausblasen des Ventilators,
V die tatsächliche Luftmenge bei den gegebenen äußeren Widerständen,
N_0 und N die entsprechenden Leistungen.

Die Kurve a bezieht sich auf Schieberdrosselung, b auf Anlasserregelung, c auf verlustlose Regelung. Ist z. B. für einen bestimmten Ventilator einer Anlage $\frac{V}{V_0} = 0{,}7$, so ergeben sich die punktierten Kurven, und man kann darauf den Kraftbedarf für jeden beliebigen Teilzustand ablesen.

Aus diesen Kurven ist zu ersehen, daß für ein Kesselhaus, dessen Dampfleistung zeitlich und prozentual sehr wenig schwankt, z. B. bei einem Grundlastwerk die Gebläse durch Motoren mit Anlasserregelung angetrieben werden können, denn die Jahresverluste werden dann nicht bedeutend sein. In einem Elektrizitätswerk dagegen, welches mit schwankender Bela-

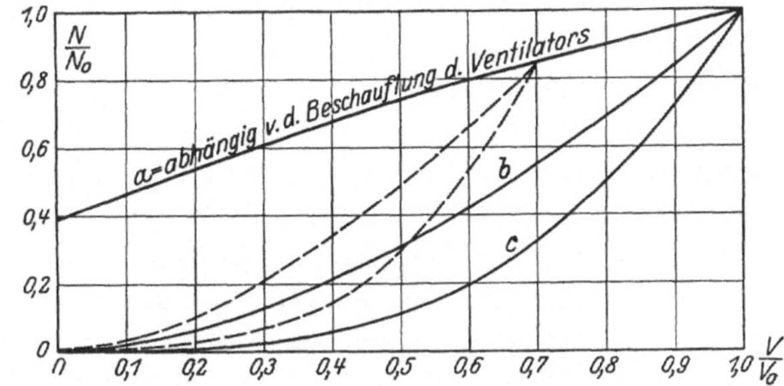

Abb. 56.   Kraftbedarf von Ventilatoren bei verschiedenen Regelverfahren.

a Drosselung. b Regulierung im Hauptstrom (Gleichstrom) oder Schlupfregelung (Drehstrom). c Regulierung im Nebenschluß (Gleichstrom) oder Reihenschluß (Drehstrom).

stung rechnen muß, werden die hohen Verluste dieser das ganze Jahr laufenden Motoren den gesamten Wirkungsgrad des Kesselhauses schon merkbar beeinflussen.

Bei der Auswahl der Motoren muß daher besonders auf den notwendigen Regelbereich, welcher von der Lastlinie des Kraftwerkes und der Art der Feuerführung des Kesselhauses beeinflußt wird, geachtet werden. In den Kesselhäusern mancher Kraftwerke wird der Betrieb so geführt, daß die durchschnittlich gering belasteten Kessel durchlaufend im Feuer liegen; die Reserve des Kesselhauses ist dann durch die Dehnbarkeit der Kesselbelastung durch Beeinflussung der künstlichen Zuganlagen gegeben. In einem solchen Kesselhaus werden die Motoren für Saugzug und Unterwind für eine Drehzahlerhöhung vorgesehen werden müssen.

In vielen Kraftwerken liegen die Verhältnisse aber anders, indem nur ein Teil der Kessel durchlaufend voll belastet ist und die Belastungsänderungen durch besondere Kesselgruppen und Spitzenkessel, die täglich mehrere Male an- und abgesetzt werden, gedeckt werden müssen. Die Motoren für solche Gruppen müssen dann einen größeren Regelbereich nach oben und unten erhalten.

Für die Auswahl der Motoren ist es schwer, eine Norm aufzustellen, da die Verhältnisse fast bei jedem Kraftwerk anders liegen. In einem Werk wird die Hauptstromregelung der Gebläsemotoren noch zu vertreten sein, in vielen anderen Werken ist es aber richtiger, eine verlustlose Regelung der Drehzahl vorzusehen.

Wird für die Antriebsmotoren der Gebläse Drehstrom gewählt, so ist in solchen Fällen der Drehstrom-Reihenschlußmotor eine sehr geeignete Motorart. Um die Wirtschaftlichkeit eines solchen verlustlos regelbaren Drehstromantriebes mit einem Antrieb durch gewöhnliche Asynchronmotoren zahlenmäßig vergleichen zu können, sind die Verluste, die beim Asynchromotor in dem Regelwiderstand auftreten, aus dem durchschnittlichen Regelbereich und den Jahresbetriebsstunden zu ermitteln und mit den Mehrkosten, die die Anschaffung eines Kommutatormotors notwendig macht, zu vergleichen. Es wird sich dann in den weitaus meisten Fällen zeigen, daß der höhere Anschaffungspreis und die etwas höheren Bedienungskosten des Motors sich in kürzester Zeit durch die Ersparnisse, die durch das wirtschaftlichere Arbeiten des Motors bei Teildrehzahl erzielt werden, bezahlt machen.

Im nachfolgenden soll ein solcher Vergleich der Verluste eines Asynchronmotors mit denen eines Drehstrom-Reihenschlußmotors als Ventilatorantrieb für eine Saugzuganlage durchgeführt werden. Dem Vergleich sind die folgenden durchschnittlichen täglichen Belastungszeiten zugrunde gelegt:

Betriebszeit in Stunden	Kesselleistung	Ventilatordrehzahl in vH der Höchstdrehzahl	Ventilatorleistung
5	30 vH	0	natürl. Zug
7	70 vH	60	8,65 kW
8	normale	65	11,0 kW
3	maximale	80	20,5 kW
1	vorübergehende Spitzen	100	40,0 kW

24 Stunden

Die Ermittlung der Verluste wurde an Hand der Wirkungsgradkurven, die in Abb. 57 dargestellt sind, vorgenommen. Die Kurve für den Reihenschlußmotor ist einem Prüfprotokoll für einen 1000 tourigen Motor für 40 kW bei 1100 U.-M, entnommen. Die Wirkungsgrade für den Asynchronmotor berücksichtigen die gesamten Verluste ebenfalls eines 1000 tourigen 40 kW-Motors mit einem Vollastwirkungsgrad von 89 vH.

Während der Wirkungsgrad des Asynchronmotors mit abnehmender Drehzahl nahezu linear abfällt, steigt der des Reihenschlußmotors zunächst an, erreicht ein Maximum und sinkt erst dann langsam ab.

Der höchste Wirkungsgrad des Asynchronmotors liegt bei der höchsten Drehzahl, er beträgt etwa 89 vH. Der Reihenschlußmotor erreicht die günstigsten Werte bei zirka 88—90 vH der Höchstdrehzahl mit 83,5 vH.

Bei $n = 93,5$ vH schneiden sich die beiden Kurven, bei höheren Drehzahlen ist der Asynchron-, bei tieferen dagegen der Reihenschlußmotor ganz bedeutend überlegen.

An Hand dieser beiden Kurven wurden die Verluste wie nachstehend ermittelt:

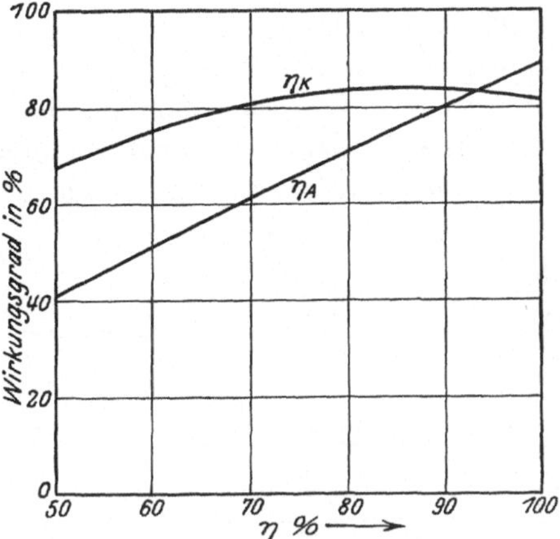

Abb. 57. Wirkungsgradkurven für einen Asynchron- und Reihenschlußmotor.

I. Asynchronmotor.

Drehzahl in vH der Höchstdrehzahl	mechanisch abgegebene Leistungen in kW	Wirkungsgrad in vH	aufgenommene Leistungen kW	Betriebszeit in Std.	Verluste in kWst
60	8,65	51,2	16,9	7	52,7
65	11,0	56,5	19,5	8	68,0
80	20,5	71,0	29,0	3	25,5
100	40,0	89,0	45,0	1	5,0

zus. 151,2

Demnach ergibt sich beim Betrieb des Ventilators mit Asynchronmotor und Schlupfregelung ein täglicher Gesamtverlust von 151,2 kWst.

II. Reihenschlußmotor.

Drehzahl in vH der Höchstdrehzahl	mechanisch abgegebene Leistungen in kW	Wirkungsgrad in vH	aufgenommene Leistungen kW	Betriebszeit in Std.	Verluste in in kWst
60	8,65	75	11,5	7	19,9
65	11,0	78	14,1	8	24,8
80	20,5	83,5	24,6	3	12,3
100	40,0	82	48,8	1	8,8

zus. 65,8

Die Gesamtverluste betragen also beim Reihenschlußmotor täglich etwa 65,8 kWst. In letzterem Falle ist daher mit einer täglichen Ersparnis von zirka 85,4 kWst zu rechnen. Dies entspricht einer jährlichen Ersparnis von rund 30 800 kWst. Wenn man mit einem kWst-Preis von z. B. 5 Pfg. rechnet, so beläuft sich die jährliche Ersparnis an Betriebskosten bei einem Motor auf Mk. 1540.—.

Um für jede beliebige Drehzahl innerhalb des angegebenen Arbeitsbereiches die Verluste leicht ermitteln zu können, wurde das Diagramm

Abb. 58 gezeichnet. Hier sind die Verluste für beide Maschinen in Abhängigkeit von der Drehzahl, in Prozenten der Ventilatorhöchstleistung aufgetragen. Wie man auch hieraus erkennt, ist der Reihenschlußmotor nur nahe der Höchstdrehzahl dem Asynchronmotor etwas unterlegen. Bei größeren Abweichungen dagegen betragen die Verluste des Asynchronmotors ein Vielfaches von denen des Reihenschlußmotors. Beispielsweise ergibt sich bei $n = 72$ vH als Verlustziffer für den Asynchronmotor 23 vH, für den Reihenschlußmotor dagegen nur 9 vH.

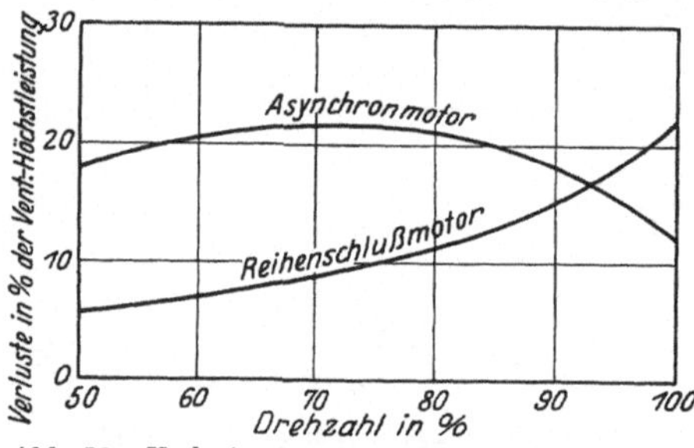

Abb. 58. Verluste eines Asynchron- und Reihenschlußmotors bei Teildrehzahlen.

Während der bisherigen Feststellungen wurde unberücksichtigt gelassen, daß der Reihenschlußmotor bei jeder Drehzahl einen bedeutend besseren Leistungsfaktor aufweist als der Asynchronmotor und demnach auch bedeutend weniger Blindleistung dem Hausnetz entnimmt. Den Verlauf des Leistungsfaktors für beide Maschinen zeigt Abb. 59. Im asynchronen Drehzahlbereich erreicht der Reihenschlußmotor etwa 0,95—0,97, der Asynchronmotor dagegen günstigstenfalls 0,88.

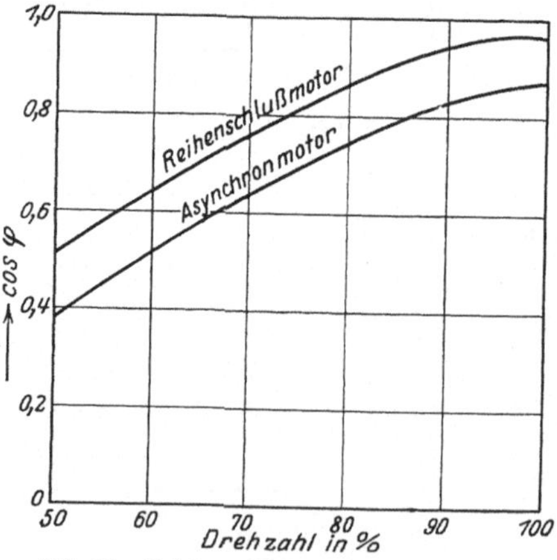

Der Drehstrom-Reihenschlußmotor hat außerdem noch erhöhtes Interesse dadurch gefunden, daß er sich wegen seiner einfachen Fernsteuerung besonders für Kraftwerke, deren Kesselleistung von einer zentralen Kesselhausbühne oder von besonderen Pulten im Kesselhausbedienungsgang elektrisch eingestellt wird, eignet.

Eine Fernsteuerung der Drehzahl eines gewöhnlichen Asynchronmotors wird in der Regel durch eine motorische Verstellung seines Anlassers vorgenommen. Solche Regulieranlasser werden aber sehr teuer, und man wird bei einem Preisvergleich eines ferngesteuerten Drehstrom-Reihenschlußmotors mit einem ferngesteuerten Drehstrom-Asynchronmotor feststellen, daß der Reihenschlußmotor nur wenige Hundertteile teurer ist. Die etwas höheren Anschaffungskosten des Reihenschlußmotors werden selbst bei Berücksichtigung der höheren

Abb. 59. Leistungsfaktor eines Asynchron- und Reihenschlußmotors.

Bedienungskosten durch die in obigem Vergleich errechnete Energieersparnis in kürzester Zeit getilgt sein. Die Anwendung normaler Asynchronmotoren mit Schlupfregelung zum Antrieb von Saugzug- oder Unterwindgebläsen wird daher nur in den wenigsten Fällen bei besonders günstigen Belastungsverhältnissen des Kraftwerkes zu vertreten sein.

Für manche Betriebe wird auch ein Drehstrom-Asynchronmotor mit Polumschaltung für eine Drehzahlregelung von z. B. 1 : 2 verwendet werden können. Bei dieser Motorart erreicht man für die gewählten Drehzahlstufen mit einfachen Mitteln eine verlustlose Drehzahlregulierung.

Bei großen Gebläseeinheiten ist unter Umständen auch die Aufstellung von 2 Antriebsmotoren verschiedener Drehzahl und Leistung zu empfehlen. Der kleinere Motor mit der niedrigeren Drehzahl deckt dann während der größeren Zeitperiode den normalen Betrieb und der größere Motor tritt nur bei Leistungssteigerungen und Überlastungen der Kessel in Funktion. Die Steuerung der beiden Motoren kann auch so eingerichtet werden, daß sich der größere Motor bei einem gegebenen Betriebszustand selbsttätig einschaltet und den kleineren Motor abschaltet, ohne daß der Gang des Ventilators beim Wechseln der Motoren unterbrochen wird. Die Verluste eines solchen Aggregates können dann noch dadurch herabgesetzt werden, daß bei normaler Belastung der größere Motor nicht nur abgeschaltet, sondern durch Einbau einer selbsttätigen Kupplung auch abgekuppelt wird.

Auch eine Kombination eines Drehstrom-Asynchronmotors mit einem Drehstrom-Reihenschlußmotor kann für größere Gebläse eine sehr wirtschaftliche Lösung darstellen. Der Reihenschlußmotor mit der kleineren Leistung und Drehzahl wird dann normal in Betrieb sein und einen großen Teil des Regelbereiches decken, während der Asynchronmotor mit der größeren Leistung und höheren Drehzahl bei Überlastung der Kessel selbsttätig den Betrieb übernimmt.

Zur Erhöhung der Betriebsbereitschaft eines solchen Ventilatorsatzes mit 2 Antriebsmotoren wird es sich empfehlen, die Motoren an verschiedene Abschnitte der Haustransformator- oder Hausgeneratorschienen zu legen und die größeren Motoren mit entsprechenden Schlupfreglern zu versehen, damit sie bei Ausfall der normal in Betrieb befindlichen kleineren Motoren den Betrieb mit entsprechend niedrigerer Drehzahl übernehmen können.

Wird für die Gebläsemotoren Gleichstrom gewählt, so läßt sich eine praktische verlustlose Änderung der Drehzahl am besten durch Verwendung eines Gleichstrommotors mit Anlasser- und Nebenschlußregelung erzielen. In dem unteren Drehzahlbereich, welcher durch die Hauptstromregelung erzielt wird, arbeitet der Motor unwirtschaftlich, in dem Bereich der Tourenerhöhung durch Schwächung des Feldes aber praktisch verlustlos. Man wird also zweckmäßig bei der Wahl der Ventilatortypen die Drehzahl, abhängig von den Betriebsverhältnissen des Kraftwerkes so wählen, daß der Gebläsemotor den größten Teil der Jahresbetriebsstunden in dem durch Nebenschlußregelung zu erreichenden Drehzahlbereich läuft und von der Hauptstromregelung nur wenig Gebrauch gemacht wird.

Abb. 60. Saugzugventilator im Kraftwerk Charlottenburg, angetrieben durch Drehstrom-Reihenschlußmotor 18 kW bei 750—1100 Umdr./min, 220 Volt, 50 Per.

Für größere Gebläse läßt sich eine wirtschaftliche Regelung der Drehzahl auch dadurch erreichen, daß man 2 Gleichstrommotoren aufstellt, deren Anker hintereinander und parallel geschaltet werden können. Bei Hintereinanderschaltung ist die Drehzahl dann halb so groß wie bei Parallelschaltung. Der Wirkungsgrad des Motorsatzes ist für die niedrigste Drehzahl nur wenig kleiner als bei der hohen Drehzahl. Eine feine Verstellung der Drehzahl in engeren Grenzen kann auch bei dieser Anordnung noch im Nebenschluß- oder Hauptstrom vorgenommen werden.

Mit Rücksicht auf die verhältnismäßig großen Leistungen der Gebläsemotoren wird aber im allgemeinen Gleichstrom weniger verwandt. Mit der Einführung der automatischen Feuerungsregler können jedoch auch Gleichstromantriebe wegen der sehr einfachen Reguliermöglichkeit durch Leonard-Schaltung mehr in Anwendung kommen.

Damit die Kesselwärter die Zugverhältnisse der Verbrennung genau anpassen können, werden die Anlasser bzw. Steuereinrichtungen für die Gebläsemotoren in Kraftwerken mit Handbedienung zweckmäßig auf den Kesselpulten der einzelnen Heizerstände angeordnet. In einem ferngesteuerten Kesselhaus werden die Gebläsemotoren von der Kesselhauskommandobühne aus bedient. Die grobe Einstellung der Gebläsedrehzahl wird dann z. B. nach der Kesselbelastung und die feine Einstellung nach dem Rauchgasprüfer erfolgen können.

Bei der mechanischen Ausführung der Motoren ist in erster Linie auf einen Schutz gegen Verstaubung Rücksicht zu nehmen. Die Motoren werden entweder vollkommen geschlossen mit künstlicher Kühlung ausgeführt oder auch ventiliert gekapselt. Bei ventiliert gekapselten Motoren wird man je nach den Temperatur- und Staubverhältnissen im Kesselhaus die Ausführung so wählen, daß die Motoren entweder die Luft aus dem Betriebsraum oder besser durch besondere Rohrleitungen aus dem Freien ansaugen. Abb. 60 zeigt einen ventiliert gekapselten Drehstromreihenschlußmotor, wie sie im Kraftwerk Charlottenburg der Berliner Städt. Elektrizitätswerk Akt.-Ges. zum Antrieb der Saugzuggebläse verwendet werden.

In Abb. 61 sind Drehstrom - Reihen

Abb. 61. Drehstrom-Reihenschlußmotoren zum Antrieb von Unterwindgebläsen, eingebaut in ventilierte Blechkästen. (E. W. München.)

schlußmotoren in offener Ausführung in gut abgedichtete Blechkästen eingebaut. Die Unterwindgebläse wurden im Elektrizitätswerk München absichtlich oberhalb der Kessel angeordnet, weil die Gebläse dort eine um etwa 20—25° wärmere Luft ansaugen, als es bei Aufstellung im Kesselhauskeller der Fall sein würde. Die Schutzkästen haben einen Rohranschluß zu den Saugstutzen der Gebläse und stehen durch andere Rohre mit der Außenluft in Verbindung. Die Gebläse saugen durch die Rohrverbindungen die notwendige Kühlluft für die Motoren aus dem Freien an. Durch entsprechende Luftführung in den Kästen kann für eine gute Belüftung der Motoren gesorgt werden. Abb. 39 zeigt den Reihenschlußmotor ohne Schutzkasten. Eine ähnliche Kapselung und Ventilation des Motors ist auch bei Saugzuganlagen möglich, es muß dann aber in die Verbindungsrohrleitung zwischen Schutzkasten und Gebläse eine Klappe eingebaut werden, die bei Stillstand des Motors geschlossen wird und eine Verqualmung des Motors durch Rauchgase verhütet.

Während bei Aufstellung ganz geschlossener Motoren wegen der Temperaturverhältnisse im Kesselhaus in manchen Fällen reichlichere Motormodelle vorgesehen werden müssen, wird man bei fremdventilierten Motoren auch bei hohen Lufttemperaturen mit normalen Motoren auskommen. Die Motoren sollen möglichst Sonderisolation und staubsichere Lager erhalten.

f) Antriebe für die Kesselhausbekohlung.

Es handelt sich dabei hauptsächlich um die Antriebe für die Kohlenförderanlagen, wie Kettenbahnen, Transportbänder, Becherwerke, Transportschrauben usw., mehr oder weniger also um sog. rauhe Betriebe. Die motorischen Antriebe für diese Einrichtungen arbeiten im allgemeinen unter den denkbar ungünstigsten Betriebsverhältnissen, die oft noch unnötig durch einen mangelhaften, für die Bedienung und Wartung schlecht zugänglichen Aufstellungsort der Motore verschlechtert werden. Außerdem ist die Bedienung dieser Motoren in der Regel vollkommen unkundigem Personal überlassen. Für diese Antriebe sollten daher möglichst nur einfache und betriebssichere Motoren gewählt werden, die wenig Wartung bedürfen.

Für Antriebe, für welche ein durchgehender Betrieb mit konstanter Drehzahl in Frage kommt, ist der Drehstromkurzschlußläufermotor mit direkter Ständereinschaltung und Selbstanlauf der geeignetste Antrieb. Dieser Motor enthält keine Teile, die beim Anlauf und Abstellen bedient werden müssen und gewährleistet bei einfachster Bauart eine große Betriebssicherheit.

Bei Verwendung dieser Motoren, z. B. für den Antrieb von Transporteinrichtungen, muß nur darauf geachtet werden, daß das Anzugsmoment des Motors ausreicht.

Weiter ist zu beachten, daß ein Kurzschlußmotor bei direkter Einschaltung des Ständers an die volle Netzspannung, je nach dem zu überwindenden Lastmoment, sehr schnell anspringen kann. Der Kurzschlußläufermotor mit direkter Einschaltung wird daher z. B. für den Antrieb von Förderbändern und Elevatoren nicht immer zu verwenden sein, da durch das zu schnelle Anfahren Beschädigungen der Einrichtungen möglich sind. Für ein langsames Anfahren empfiehlt es sich, den Kurzschlußläufermotor mittels Anlaßtransformator mit niedrigerer Spannung anzulassen. Bei Verwendung von Anlaßtransformatoren muß aber darauf Rücksicht genommen werden, daß das Anlaufmoment des Motors quadratisch mit der zugeführten Spannung zurückgeht. Wird z. B. ein Transformator für 70 vH Anfahrspannung gewählt, so beträgt das Anlaufmoment des Motors nur noch 50 vH des normalen.

Wenn das Anzugsmoment des Kurzschlußläufermotors für bestimmte Antriebe nicht ausreicht, dann muß ein Drehstromschleifringmotor, bei welchem ein Anlaufdrehmoment bis zum 2,5fachen des normalen erzielt werden kann, verwandt werden.

Die mechanische Ausführung der Motoren für Bekohlungsanlagen hängt natürlich in erster Linie vom Aufstellungsort des Motors ab. Bei dem Antrieb von Fördereinrichtungen ist mit einer mechanischen Beschädigung des Motors durch abfallende Kohlenstücke zu rechnen. Diese Motoren werden daher gewöhnlich vollkommen geschlossen mit künstlicher Kühlung oder ventiliert gekapselt ausgeführt, es sei denn, daß durch eine geschützte Aufstellung des Motors mechanischen Beschädigungen vorgebeugt wird. Die Ständerwicklungen sind zwar auch bei der offenen Ausführung durch die Wicklungsschutzschilde gegen Beschädigungen geschützt, es ist aber bei der offenen Ausführung die Möglichkeit gegeben, daß Kohlenstücke in das Innere des Motors gelangen und in den Luftspalt zwischen Rotor und Stator eindringen und so schwere Beschädigungen verursachen.

Mit Rücksicht darauf, daß die Antriebsmotoren von Kohlenfördereinrichtungen in den weitaus meisten Fällen auch der Verstaubung ausgesetzt sind, soll man von der Aufstellung offener Motoren möglichst absehen und eine geschütze Ausführung oder ganz geschlossene Motoren mit künstlicher Kühlung wählen.

g) Rostantriebe.

Eine störungsfreie Stromzufuhr für die Rostantriebe wird am besten dadurch erreicht, daß man die Motoren an eine von der Hauptanlage unabhängige Stromquelle anschließt. Da die Leistung dieser Motoren nur wenige Kilowatt beträgt, wählen viele Werke für die Rostmotoren Gleichstrom und legen die Motoren an die Hausbatterie. In Kraftwerken, deren Eigenbedarfsanlagen durch unabhängige Drehstrom-Hausgeneratoren versorgt werden, ist aber die Zuverlässigkeit aller motorischen Antriebe im Eigenbedarf gegeben, und es steht dann nichts im Wege, auch für die Rostmotoren Drehstrom zu wählen.

Die Verstellung der Vorschubgeschwindigkeit im Verhältnis 3 : 1 oder 4 : 1 wurde bisher in der Regel durch Änderung des Übersetzungsverhältnisses im Vorgelege des Motors vorgenommen. In Kesselhäusern mit zentraler Bedienung oder automatischer Feuerführung muß die Drehzahl der Rostmotoren aber elektrisch von einer entfernten Stelle des Kesselhauses durch Steuerschalter oder durch die Taktgeber der selbsttätigen Feuerungsregler eingestellt werden.

Wird für eine solche Anlage Gleichstrom vorgesehen, so kommen Gleichstrom-Nebenschlußmotoren, welche im Nebenschluß nach oben und im Hauptschluß nach unten reguliert werden können, zur Anwendung. Als Regelorgan dient dann ein kombinierter Haupt- und Nebenschlußregler, welcher von der Kesselhauskommandobühne bzw. von dem Kesselpult aus ferngesteuert oder auch vom Taktgeber des Feuerungsreglers direkt verstellt werden kann.

Steht unabhängiger Drehstrom zur Verfügung, so wird man für die Rostantriebe polumschaltbare Motoren oder Drehstromschleifringmotoren mit Anlasserregulierung verwenden. Bei der kleinen Leistung dieser Motoren werden die Verluste der Schlupfregelung in Kauf genommen werden können. Für Kesselhäuser mit zentraler Bedienung von einer Kommandobühne wird es sich aber empfehlen, auch für die Rostantriebe Drehstromspezialmotoren zu wählen. Der Anschaffungspreis eines Drehstromkommutatormotors, dessen Drehzahlregelung durch Verdrehung der Bürstenbrücke vorgenommen wird, wird nicht viel höher sein, als der Preis eines Drehstromschleifringläufermotors mit motorgetriebenem Regulieranlasser. Der Drehstromkommutatormotor benötigt keinen besonderen Anlaßapparat, während für den Schleifringmotor noch ein besonderer Anlasser in staubsicher gekapselter Ausführung notwendig wird.

Werden mehrere Kessel von einer gemeinsamen Stelle aus in Gruppen reguliert, so ist es unter Umständen vorteilhaft, Spezialsteuerungen für die Motoren einzuführen. Bei Gleichstrom käme dann z. B. eine für alle Rostmotoren gemeinsame Stromquelle in Form eines Leonhard-Aggregates und bei Drehstrom in Form eines Periodenumformers in Frage. Für die Rostmotoren können dann normale Gleichstrom-Nebenschlußmotoren oder einfache Drehstromkurzschlußankermotoren verwandt werden.

Es ist zu empfehlen, für die Rostmotoren vollkommen geschlossene Modelle mit künstlicher Kühlung mit staubgeschützten Lagern vorzusehen.

Bei der Auswahl der Motoren ist besonders auf die Temperaturverhältnisse im Kesselhaus Rücksicht zu nehmen. Wenn die geschlossene Ausführung zu große Motormodelle ergibt, wird es unter Umständen billiger, ventiliert gekapselte Motoren mit Rohranschluß zu verwenden. (s. Abb. 69 und 70.)

h) Motoren für Kohlenstaubanlagen.

Das Interesse für Kohlenstaubfeuerungen ist in den letzten Jahren wegen der außerordentlichen betrieblichen und vor allem aber wirtschaftlichen Vorzüge dieser Feuerungsart sehr gestiegen. Die in Kesselanlagen mit Kohlenstaubfeuerung erzielte Verbilligung und Steigerung der Erzeugung hat dazu geführt, daß viele bestehenden Kraftwerke unter gegebenen Verhältnissen ihre Kesselfeuerungen auf Kohlenstaubfeuerung umstellen und die umfangreiche Kohlenaufbereitungs-, Trocknungs- und Mahlanlagen, die bei eigener Herstellung des Staubes ziemlich bedeutende Nebenkosten ergeben, in Kauf nehmen.

Während in einem Kesselhaus mit mechanischer Feuerung und Handbedienung besonders ausgebildetes Aufsichtspersonal dauernd tätig sein muß, die Verbrennung zu beobachten und den Heizern Anweisungen zu geben, die erst mit einer bestimmten Zeitverzögerung ausgeführt werden und in Wirkung treten, macht die Kohlenstaubfeuerung, besonders wenn sie von einer zentralen Kesselhauskommandobühne oder von besonderen Kesselpulten aus überwacht und gesteuert wird, den Betrieb von Hilfskräften beinahe ganz unabhängig. Durch Betätigung einiger Regulierorgane kann fast augenblicklich jeder beliebige Betriebszustand hergestellt und aufrechterhalten werden.

Zur vollen Ausnutzung der großen Vorteile der Kohlenstaubfeuerung ist es aber notwendig, daß verschiedene Einrichtungen motorische Antriebe erhalten, die eine leichte und schnelle Beeinflußbarkeit der Drehzahl gestatten. Durch zweckentsprechende Auswahl der Einrichtungen und deren Antriebe kann, bei bester Ausnutzung der Kohle und fast völligem Wegfall der Dämpfungs- und Leerlaufsverluste in den Zeiten schwacher Belastung, eine große Elastizität des Betriebes erreicht werden. In den meisten Kraftwerken arbeiten gewöhnlich nur wenige Kessel mit einer mittleren Verdampfung durch, während die Mehrzahl eine stundenweise unterbrochene Betriebszeit aufweisen. Die Folgen sind natürlich erhebliche Wärmeverluste durch An- und Absetzen der Kessel, die bei Verwendung von Kohlenstaubfeuerung auf das denkbar kleinste Maß herabgedrückt werden. Außerdem macht die Kohlenstaubfeuerung den Betrieb auch in größtem Umfange von der Auswahl und Sortierung der Kohle unabhängig.

Die außerordentlich rasche Entwicklung der Kohlenstaubfeuerungsanlagen hat eine große Anzahl verschiedener Aufbereitungs- und Brennereinrichtungen auf den Markt gebracht. Die Anforderungen, die an die Regulierfähigkeit der motorischen Antriebe für die verschiedenen Arbeitsmaschinen gestellt werden, sind bei den einzelnen Systemen verschieden, hauptsächlich aber auch davon abhängig, ob es sich um Einheitsmühlen oder um eine für das ganze Kraftwerk zentrale Kohlenaufbereitungsanlage handelt.

Beim Einzelsystem, welches zum Einbau in bereits vorhandene Kesselhäuser verwendet wird, wird jedem Kessel an Stelle des Rostes eine Einheitsmühle (Abb. 62) vorgebaut, die die vom Kohlenbunker zufallende Stückkohle zermahlt und durch Gebläse in den Verbrennungsraum fördert. Das Einzelsystem stellt eine vollständig in sich geschlossene Einrichtung dar, in welcher der Aufgeber, Mühle, Sichter und Bläser zu einer Einheit vereinigt sind. Bei Veränderung der Kesselbelastung wird die Geschwindigkeit der Staubaufgeber und der Trägerluftgebläse verstellt.

Abb. 63 zeigt den Entwurf für eine andere Staubanlage, bei welcher ebenfalls für jeden Kessel eine Mahlanlage vorgesehen wurde. Die aus dem Rohkohlenbunker a kommende Stückkohle wird evtl. unter Zwischenschaltung eines Brechers der Kohlenstaubmühle c zugeführt. Durch den Mühlenventilator d wird der Staub über der Mühle abgesaugt und in den Staubabscheider e gedrückt, von wo aus der Staub in den Staubbunker f fällt. Von hier aus führen die Zubringer g den Kohlenstaub durch die Brennerröhren den einzelnen Brennern i zu, und die Brennerventilatoren h blasen ihn in den Kessel. Ein Teil der Luft wird primär mit dem Kohlenstaub, der Rest, etwa 85 vH der Gesamtluft, durch Schlitze k in der Stirnwand, der Brennkammer zugesetzt.

Abb. 62.
Einheitsmühle der Kohlenscheidungsges. m. b. H., Berlin.

Bei großen Kraftwerken werden entweder für die Kesselgruppen mehrere Mahlanlagen vorgesehen oder die Staubaufbereitung für alle Kessel in einem besonderen Raum bzw. Gebäude untergebracht. Der fertige Kohlenstaub wird dann vom Mahlhaus mit Hilfe von komprimierter Luft durch die Staubhauptleitungen in die Staubbunker der Kesselhäuser oder gleich in die Bunker vor den Kesseln gepumpt.

Solche Kohlenaufbereitungsanlagen, die neben Kohlenbrechern, Trocknern, Magnetseparatoren und Kohlenmühlen auch sämtliche Einrichtungen für die Lagerung, Verteilung und Förderung des fertigen

Staubes in die Kesselhäuser enthalten, ergeben bei großen Kraftwerken hohe mehrstöckige Gebäude. Da der Antrieb der verschiedenen Einrichtungen fast ausschließlich durch Elektromotoren erfolgt, ergeben sich in den Mahlhäusern umfangreiche Verteilungsanlagen, die noch dadurch eine Erweiterung erfahren, daß die Trockner, unter Umständen auch die Verteilungsbunker und Zyklone, mit Elektrofiltern zur Entstaubung der Abluft ausgerüstet werden. Im Abschnitt VIIk sind solche Elektrofilter näher beschrieben.

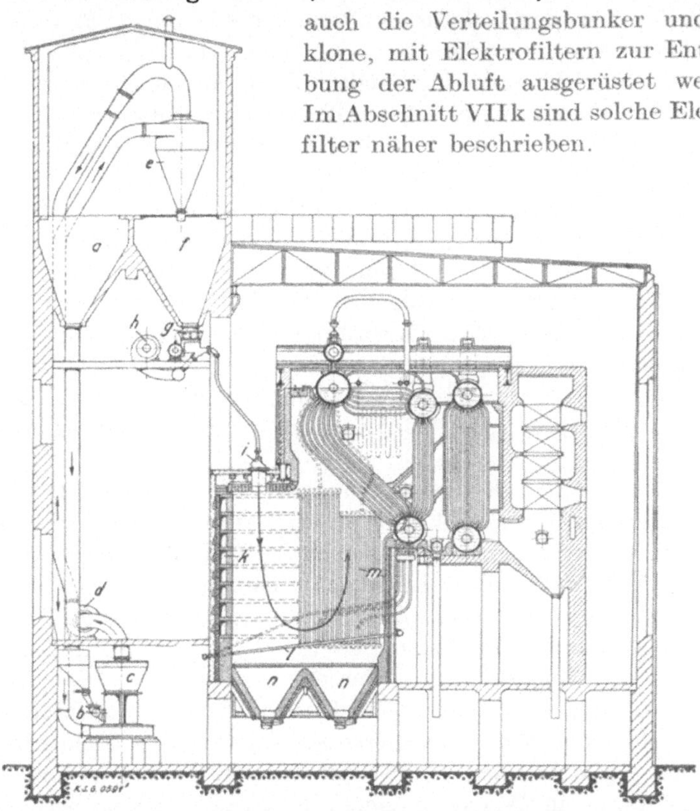

Abb. 63. Schnitt durch eine Kesselanlage mit Lopulco-Staubfeuerung und Mahlanlage. (Kohlenscheidungsges. m. b. H.)

a Rohrkohlenbunker	f Staubkohlenbunker	k Eintrittsöffnungen für
b Zuteilvorrichtung	g Zubringer	Sekundärluft
c Mühle	h Brennerventilator	l Wasserrohrrost
d Mühlenventilator	i Brenner	m Kühlrohre
e Staubabschneider		n Aschenbunker

Um eine hohe Betriebssicherheit der elektrischen Einrichtungen in den Staubaufbereitungsanlagen zu erreichen, ist es notwendig, die Motoren und deren Anlaßapparate möglichst vollständig frei von Kohlenstaub zu halten. Bei der mechanischen Ausführung der Motoren ist daher in erster Linie auf einen Schutz der Motoren gegen Verstaubung Rücksicht zu nehmen. Der feine Kohlenstaub setzt sich in den Ventilationsöffnungen und Wicklungen der Motoren ab und kann

8*

Wärmestauungen verursachen, die zur Zerstörung der Motoren führen können. Im Gegensatz zur Flugasche ist unverbrannter trockener Kohlenstaub für den Isolationswert der Motorwicklungen weniger gefährlich, da er in der Regel nicht leitend ist.

Um eine Ablagerung von Staub und das Eindringen der scharfen Kohleteilchen in das Isolationsmaterial der Wicklungen zu verhindern, empfiehlt es sich, besonders in Steinkohlenwerken, darauf zu achten, daß die Motorwicklungen eine Sonderisolation mit möglichst fester und glatter Oberfläche erhalten. Auch die Lager der Motoren müssen besonders abgedichtet werden, um ein Eindringen des Kohlenstaubes und Austreten des Öles zu vermeiden.

Der Verstaubung der elektrischen Antriebe und Schaltapparate wird zweckmäßig dadurch begegnet, daß die Lieferanten der Kohlenstaubaufbereitungs- und Förderanlagen für eine gute Abdichtung sorgen, so daß dem Austritt des Kohlenstaubes in die Betriebsräume nach Möglichkeit vorgebeugt wird. Es wird natürlich nicht möglich sein, einen Austritt des Staubgutes ganz zu verhindern. Die mechanische Ausführung der Motoren ist auch davon abhängig zu machen, ob die Motoren auf der Überdruck- oder Unterdruckseite der Kohlenstaubanlage arbeiten.

Die Frage, ob in Kohlenstaubanlagen mit der Möglichkeit einer Zündung des bei Undichtigkeiten an den Aufbereitungs- und Förderanlagen möglicherweise austretenden Kohlenstaubes gerechnet werden muß, wird verschieden beurteilt. Bis jetzt ist dem Verfasser über Staubexplosionen, die durch Funkenbildung an Schleifringen und Kommutatoren oder durch Abreißfunken an Schaltern oder Sicherungen entstanden sind, nichts bekannt geworden.

Die Versuche, die auf den Versuchseinrichtungen zur Untersuchung der auf Kohlengruben möglicherweise auftretenden Kohlenstaubgemische u. a. auf der Schlagwetterversuchsstrecke der Berggewerkschaftskasse bei Derne in Westfalen angestellt wurden , haben gezeigt, daß Zündungen durch den elektrischen Funken wohl möglich sind, daß aber dazu derart starke Staubmengen nötig sind, wie sie in den Staubaufbereitungsanlagen mit ihren großen und gelüfteten Räumen und der dauernden Wartung solcher Anlagen nicht befürchtet zu werden brauchen. Gewöhnlich erfolgt auch eine Entstaubung der einzelnen Räume der Mahlhäuser durch besondere Lüfter, die auf Elektrofilter arbeiten. Auch in Steinkohlenbergwerken selbst sind Kohlenstaubexplosionen bekanntlich fast immer Begleiterscheinungen von Schlagwetterexplosionen; unmittelbare Zündungen von Kohlenstaubgemischen durch den elektrischen Funken sind dort ebenfalls noch nicht bekannt geworden.

Nach den bisher veröffentlichten Berichten über Staubexplosionen in Kraftwerken sind diese zum größten Teil wohl auf Selbstentzündung des Staubes, vermutlich durch Bedienungsfehler in der Staubaufbereitung, zurückzuführen. Steigt die Temperatur in den Staubvorratsbehältern über einen gewissen Betrag, so besteht die Gefahr, daß der Kohlenstaub in Brand gerät. Wird in einem solchen Fall an dem Behälter aus Versehen irgendeine Verschlußklappe oder Beobachtungstür geöffnet, während noch Kohle hineingeblasen wird, so ist eine Explosion der austretenden Staubwirbel sehr wahrscheinlich. Die physikalischen Vorbedingungen für eine Selbsterwärmung und Selbstentzündung von Kohlenstaub konnten bisher noch nicht vollkommen klar festgestellt werden.

In Elektromotoren ist aber eine andere, bisher wenig beachtete Möglichkeit einer Entzündung des Kohlenstaubes gegeben. Werden offene Motoren verwendet, deren Wicklungen längere Zeit nicht gereinigt werden, so ist z. B. bei unzulässiger Überlastung solcher Motoren eine Entzündung des auf den Wicklungen abgelagerten feinen Flugstaubes möglich. In der Praxis sind in Braunkohlenwerken solche Selbstentzündungen, die in der Regel zum Brand des Motors führen, bereits vorgekommen. Auch Selbstentzündungen von Braunkohlenstaub, welcher sich auf den Isolierpackungen von Dampfleitungen abgelagert hat, sind beobachtet worden.

Der Braunkohlenstaub ist poriger, lockerer und neigt vermutlich wegen der größeren Oberfläche der Staubteilchen und deren Verunreinigungen, z. B. durch Eisenoxyde, die als Katalysatoren wirken, mehr zur Selbstentzündung als Steinkohlenstaub. Bei manchen Braunkohlenarten bilden sich auch schon bei Temperaturen von etwa 105^0 Schwelgase, die die Selbstentzündung des Staubes begünstigen bzw. einleiten.

Nach den Verbandsnormalien ist z. B. für die Wicklungen von Hochspannungsmotoren bei normaler Dauerbelastung noch eine Grenzerwärmung von 60^0 C, bei 35^0 C Lufttemperatur also eine Grenztemperatur von 95^0 C zulässig. Da die Erwärmung der Wicklungen von Motoren mittlerer Leistung bei der verbandsmäßig zulässigen Überlastung der Motoren noch um etwa 10^0 steigen wird, wird eine Temperatur von etwa 105^0 C, bei welcher unter Umständen schon eine Schwelgasbildung des auf den Wicklungen abgelagerten Braunkohlenstaubes beginnt, also bereits bei der normal zulässigen Überlastung der Motoren erreicht. Bei Bildung von Schwelgasen im Motor wird die Entzündung des Staubes dann natürlich durch Funken an Kommutatoren oder Schleifringen sehr begünstigt. Es ist auch festgestellt, daß Braunkohlenarten mit einem bestimmten Gehalt an Schwefelkies leichter entzündlich sind als solche ohne Schwefelkies.

In diesem Zusammenhang sei auch auf eine Arbeit des Herrn P. Beyersdorfer: ,,Zur Kenntnis der Explosionen organischer Staubarten. Experimentaluntersuchung am einfachen Beispiel des Zuckerstaubes," die in den „Berichten der Deutschen Chemischen Gesellschaft", Jahrg. 1922, Bd. III, S. 2568ff., veröffentlicht ist, verwiesen. Es wird dort u. a. gezeigt, daß Staub imstande ist, in seinem Porenraum Sauerstoff zu adsorbieren, und daß auch bereits in geringem Umfang ozonisierte Luft die Entzündungstemperatur des Staubes herabsetzt. Die ausführlichen Untersuchungen des Herrn P. Beyersdorfer gelten sinngemäß für jeden explosiblen Staub.

Bei sonst gleichen Verhältnissen wird die Entzündung von Braunkohlenstaub bei einer niedrigeren Temperatur als bei Steinkohlenstaub eintreten und die Gefahr der Selbstentzündung ist in Braunkohlenstaubanlagen daher größer als in Steinkohlenwerken. Da die anfallenden Staubmengen in Braunkohlenwerken außerdem viel größer sind als in Steinkohlenanlagen, ist bei der Auswahl der elektrischen Einrichtungen für Braunkohlenwerke besondere Aufmerksamkeit geboten.

Nach obigen Ausführungen können übersicherte Motoren eine große Gefahrenquelle bilden und es ist daher besonders in Kohlenstaubanlagen notwendig, den Überstromschutz der Motoren und auch die Kurzschlußerwärmung der Verbindungskabel besonders genau zu überprüfen. In Staubanlagen wird man ferner auch die Beleuchtungsanlagen mit größter Sorgfalt verlegen müssen und anstatt Sicherungen besser Sockelautomaten wählen, bei denen ein Flicken der Patronen und Überbrückung der Sicherungen durch das Personal vermieden wird.

Den besten Schutz gegen Verschmutzung durch den unvermeidlichen Staub bilden natürlich vollkommen geschlossene Motoren. Bei Aufstellung solcher Motoren wird der Möglichkeit der Selbstentzündung des Staubes am sichersten begegnet und gleichzeitig auch der Begünstigung einer Zündung durch Funken von Kommutatoren oder Schleifringen vorgebeugt.

Bei den für Kohlenaufbereitungsanlagen in Frage kommenden großen Motorleistungen nahmen aber bisher viele Kraftwerke an den hohen Anschaffungskosten geschlossener Motoren ohne künstliche Kühlung Anstoß. Die Industrie hat aber inzwischen billigere Motoren mit künstlicher Luftrückkühlung geschaffen, bei denen die höheren Anschaffungskosten, wie aus der Zusammenstellung im Abschnitt VIg hervorgeht, im Vergleich zu offenen oder halboffenen Motoren nicht mehr so erheblich sind. Im Interesse der Betriebssicherheit der Kraftwerke ist die weitgehendste Anwendung solcher Motoren in Kohlenstaubanlagen sehr zu empfehlen.

In Steinkohlenstaubanlagen, in denen für eine gute Lüftung der Räume und gute Wartung der Motoren gesorgt wird, können auch mit offenen Motoren gute Erfahrungen gemacht werden, wenn es sich um Kurzschlußläufermotoren handelt und diese in Abständen von wenigen

Tagen durch Ausblasen mit Preßluft gereinigt werden. Kurzschlußläufermotoren sind wegen ihrer einfachen Bauart für Verschmutzung
weniger empfindlich als Schleifring- oder Kommutatormotoren. Abb. 64
zeigt einen offenen Kurzschlußläufermotor zum Antrieb eines Mühlenexhaustors.

Bei der Aufstellung offener Motoren in Steinkohlenstaubanlagen
muß man aber mit einer kürzeren Lebensdauer der Motoren rechnen, da
die Wicklungsisolation an den Kreuzungsstellen der Ständernuten mit den Lüftungsschlitzen des Ständerblechpakets im Laufe der Zeit leidet. An diesen Stellen wirkt der mit trockenem Staub gemischte Luftstrom wie ein feines Sandstrahlgebläse, so daß die Spulenkästen von Motoren, die in stark staubhaltigen Räumen arbeiten, nach einigen Betriebsjahren zerstört werden können.

Da kleinere Motoren etwa bis 10 PS für Verschmutzung besonders empfindlich sind und die höheren Anschaffungskosten für die geschlossene Ausführung keine Rolle spielen, sollte man für kleinere Motoren

Abb. 64. Offener Kurzschlußläufermotor zum Antrieb eines
Mühlenexhaustors.

auch bei Steinkohlenfeuerung möglichst die geschlossene Ausführung
mit künstlicher Rückkühlung der Innenluft wählen.

Für die Antriebe in Kohlenstaubanlagen werden auch halbge-
schlossene Motoren empfohlen, die ihre Kühlluft durch austauschbare,
im Motorgehäuse eingebaute Filter ansaugen. Es handelt sich hier in
erster Linie um ölbenetzte Filter, die bei ordnungsmäßiger Wartung auch
gut arbeiten können. Bei den namentlich in Braunkohlenwerken in
Frage kommenden großen Staubmengen ist es aber notwendig, daß die
Filterkörbe in sehr kurzen Zeitabständen ausgewechselt und gereinigt
werden, weil sie sonst den Staub durchlassen. Nach den Betriebserfahrungen, die mit Luftfiltern bei Turbogeneratoren gemacht wurden,

wird aber die regelmäßige Auswechslung und Reinigung der Filter oft sehr vernachlässigt. Die Verwendung von Motoren mit vorgeschalteten Filtern hat daher nur Zweck, wenn für die Wartung der Filter strengste Vorschriften erlassen werden.

Einen hohen Sicherheitsgrad der elektrischen Einrichtungen erreicht man in Kohlenaufbereitungsanlagen, in denen sämtliche Motoren durch einen gemeinsamen Ventilator gelüftet werden. Die Motoren werden dann in ventiliert gekapselter Ausführung gewählt und erhalten durch besondere Rohrleitungen oder Kanäle (s. Abb. 69 und 70) reine Kompressorluft zugeführt. Ob man einen solchen Lüfter für die Motoren des ganzen Mahlhauses vorsieht oder in jedem Stockwerk des Mahlhauses einen Lüfter aufstellt, hängt von den örtlichen Verhältnissen ab.

Eine zentrale Belüftung der Motoren ist hauptsächlich für Braunkohlenanlagen sehr zu empfehlen, und man wird in den Ansaugkanal des Ventilators zweckmäßig einen Filter einbauen, welcher in bestimmten Abständen gereinigt werden muß. Oft mag es auch genügen, wenn sich einzelne Motoren durch die im Motor eingebauten Lüfter frische Luft durch besondere Rohrleitungen aus dem Freien ansaugen und dann in den Betriebsraum oder besser noch durch Leitungen wieder ins Freie ausblasen.

Für durchgehende Antriebe in Kohlenstaubanlagen sollte ebenso wie bei den übrigen Kesselhausantrieben soweit als möglich der Drehstrommotor mit Kurzschlußläufer mit direkter Ständereinschaltung und Selbstanlauf verwendet werden. Muß die Drehzahl geregelt werden, oder ist das notwendige Anfahrmoment größer als es vom Drehstrommotor mit Kurzschlußläufer geleistet werden kann, so kommt ein Drehstrommotor mit Schleifringen zum Anschluß eines Anlaß- und Regelwiderstandes in Betracht. Namentlich Kohlenmühlen erfordern oft ein Anzugsmoment, welches durch einen Kurzschlußläufermotor nicht aufgebracht werden kann. Bei der Anwendung des Kurzschlußläufermotors ist auch darauf zu sehen, daß verschiedene Einrichtungen ein zu plötzliches Anfahren nicht vertragen.

Für die Staubpumpen und Gebläse ist oft eine Verstellung der Drehzahl in kleinen Grenzen notwendig, weil die Feinheit des geförderten Kohlenstaubes mit der Stärke des Luftstromes reguliert werden kann. Für diese Antriebe werden daher auch Drehstrommotoren mit Anlasserregulierung verwendet.

In großen Mühlenanlagen, die in einem besonderen vom Kesselhaus getrennten Raum oder Gebäude untergebracht sind, wird es sich empfehlen, die ganze Staubaufbereitung von einer Stelle aus zu überwachen und evtl. auch zu steuern. In einem der Stockwerke der Mahlanlage werden dann mehrere Schalttafelfelder oder Schaltpulte aufgestellt, auf welchen die Schalt- und Steuerapparate für alle im Mahlhaus laufenden

Motoren zusammengefaßt sind. Die Stromzuführungen für die Kraft-
und Lichtversorgung des Mahlhauses werden zweckmäßig so angeordnet, daß im Notfalle der Strom von einer außerhalb der Aufbe-
reitungsräume liegenden, leicht erreichbaren Stelle ausgeschaltet werden
kann.

Da es in größeren Anlagen zur Vermeidung von Anstauungen des
Brenngutes und Überfüllung der verschiedenen Behälter notwendig ist,
auf ein richtiges Ineinandergreifen der Steuerungen der Mahl- und
Fördereinrichtungen zu sehen, werden in solchen Mahlhäusern Signal-
und Meldeanlagen notwendig, die auch auf den Bedienungspulten angeordnet werden können. Außerdem werden in die Trockner, Staubabscheider, Bunker usw. in der Regel auch elektrische Fernthermo-
meter eingebaut und die Temperaturen in diesen Einrichtungen in
bestimmten Zeitabständen von den Bedienungspulten aus gemessen.

Die mit Motorantrieben versehenen Ständerschalter und Anlasser
der verschiedenen Motoren können in der im Abschnitt IV c beschriebenen Weise in besonders abgetrennten Räumen aufgestellt werden.

i) Antriebe für die Zubringer und Brennerventilatoren.

Für die Zufuhr des Kohlenstaubes in die Brenner bzw. in den Feuerraum hat man verschiedene Verfahren. Man benutzt dazu Förderschnecken, Becherwerke oder auch Luft, die als Beförderungsmittel und
gleichzeitig mit zur Verbrennung dient.

Die verschiedenen Speiseeinrichtungen und Brennerfabrikate ver-
folgen alle denselben Zweck, eine in dem richtigen Verhältnis von Staub
und Luft gut gemischte Staubwolke bei bestimmter Geschwindigkeit in
den Feuerraum zu bringen. Die Anforderungen, die an die Regulierfähigkeit der Antriebsmotoren für Speiseeinrichtungen gestellt werden
müssen, sind also durch die Dosierung von Brennstoff und Verbrennungs-
luft und die Durchmischung derselben gegeben. Die Antriebe müssen
sich mit sofortiger Wirksamkeit der veränderlichen Dampfentnahme der
Kessel anpassen und auch Spitzenbelastungen mühelos ausgleichen
können.

Abb. 65 zeigt einen Lopulco-Einzelspeiser (Zubringer), welcher unmittelbar an den Kohlenstaubbunker (s. Abb. 63) angebaut wird. Die
Vorrichtung besteht aus einem gußeisernen Gehäuse, in welchem eine
Schnecke läuft, die von einem in weiten Grenzen regelbaren Motor angetrieben wird. Ein zweiter regelbarer Motor treibt den Verbrennungs-
luftventilator an, welcher die Primärluft hinter der Speiseschnecke dem
Kohlenstaub zumischt. Das Kohlenstaubluftgemisch strömt dann durch
ein besonderes Rohr in den Brenner. Bei größeren Kesseln werden, wie
in Abb. 66 zu sehen, die Speiseeinrichtungen eines Kessels in Gruppen

angetrieben. Abb. 67 zeigt die unter der Zubringerbühne liegende Brennerbühne desselben Kraftwerkes[1]).

Bei den Antrieben für die Speiseeinrichtung der Brenner ist an-

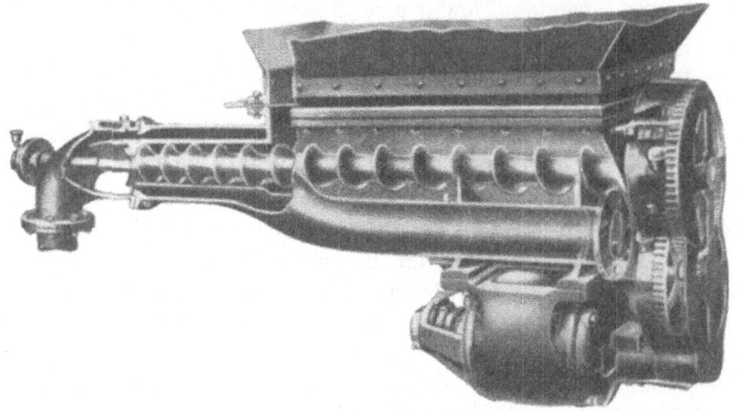

Abb. 65. Lopulco-Einzelspeiser. (Kohlenscheidungsges. m. b. H.)

Abb. 66. Zubringerbühne der Lopulco-Feuerungen im Kraftwerk Cahokia.

zustreben, daß die einmal eingestellte Zufuhrgeschwindigkeit für das Brenngut auch bei Änderung des Lastmomentes für den antreibenden

---

[1]) Abb. 66 und 67 sind von der Kohlenscheidungs-Gesellschaft m. b. H., Berlin, zur Verfügung gestellt.

Motor bei allen eingestellten Drehzahlen möglichst konstant bleibt. Bei Staubschnecken ist z. B. der Antriebsmotor unter Umständen ganz bedeutenden Belastungsschwankungen unterworfen. Durch Änderung des Feuchtigkeitsgehaltes des Staubes, durch die wechselnde Reibung innerhalb der Förderschnecken, durch Anstauungen des Brenngutes in den Förderleitungen, durch Änderung der Kohlensorten usw. können sich für die Antriebsmotoren der Staubschnecken große Änderungen des Lastmomentes ergeben. Für eine gleichmäßige Verbrennung ist aber eine

Abb. 67. Brennerbühne der Lopulco-Feuerungen im Kraftwerk Cahokia.

gleichbleibende Zufuhrgeschwindigkeit des Brenngutes notwendig, und es sollten daher zum Antrieb solcher Speiseeinrichtungen für Kohlenstaub und auch für Ölfeuerungen möglichst Motoren mit starrem Nebenschlußverhalten verwendet werden.

Zur Aufrechterhaltung des richtigen Mischungsverhältnisses werden die Steuerungen der Motoren für die Brennstoff- und Luftzufuhr oft auch mechanisch oder elektrisch miteinander verbunden.

Da die Leistungsänderungen der Kessel durch Änderung der zugeführten Brennstoff- und Luftmenge erzielt werden, müssen für die Speiseeinrichtungen Antriebsmotoren verwandt werden, die eine leichte und möglichst stufenlos einstellbare Geschwindigkeitsregulierung in weiten Grenzen gestatten. Im allgemeinen wird man bei Kraftwerken mit einem Regelbereich von 3 : 1 bis 4 : 1 auskommen; größere Regelbereiche werden sich wohl nur bei Spitzenkraftwerken ergeben. Bei einigen Systemen wird die Geschwindigkeitsregulierung bzw. Einstellung der Förderleistung der Staubschnecken und Staubgebläse auf mechanischem Wege vorgenommen. Bei Großkesseln, die, wie aus Abb. 67 zu ersehen, mehrere Brenner erhalten, kann der Regelbereich der Motoren unter Umständen etwas kleiner gehalten werden, da eine Leistungsänderung der Feuerung in gewissen Grenzen auch durch An- und Abstellen einzelner Brenner vorgenommen werden kann. Mit Rücksicht auf die ungleiche Erwärmung der Kessel wird aber von der Düsenregulierung nicht gern Gebrauch gemacht.

Als Antriebsmotoren kommen hauptsächlich Gleichstrommotoren mit Nebenschlußregelung oder Drehstrom-Nebenschlußmotoren in Frage. Wie bei der Beschreibung dieser Motorarten bereits angeführt wurde, ist deren Drehzahl bei unveränderter Regler- oder Bürstenstellung praktisch konstant und von der Belastung wenig abhängig. Motoren mit Hauptstromregelung sollten, abgesehen von den oben angegebenen Gründen, nicht angewendet werden, da sich bei den erforderlichen großen Regulierbereichen und den hohen Jahresbenutzungsstundenzahlen hohe Verluste ergeben.

Die Frage, ob für den Antrieb der Zubringereinrichtungen Gleichstrom- oder Drehstrommotoren gewählt werden sollen, ist in erster Linie davon abhängig zu machen, ob in dem betreffenden Kraftwerk eine unabhängige Drehstromversorgung für die Hilfsbetriebe durch Hausturbinen oder Gleichstrom mit einer Batteriereserve genügender Leistung vorhanden ist. In zweiter Linie ist bei der Wahl der Stromart auch der für die Motoren geforderte Regelbereich entscheidend. Bis zu einem Regelbereich von etwa 3 : 1 wird man normale Drehstrom- oder Gleichstrom-Nebenschlußmotoren verwenden können.

Bei Drehstrom-Nebenschlußmotoren kann man durch Einschaltung von Widerstand in den sekundären Teil (Ständer) die Drehzahlen von dem untersten, durch Bürstenverschiebung noch erreichbaren Wert bei Ventilatormoment bis zum praktischen Stillstand des Motors herunterregulieren. Allerdings geht dabei der Nebenschlußcharakter des Motors verloren, und die Regelung erfolgt nicht mehr verlustlos. Der Motor verhält sich dann in dem untersten Regelbereich ebenso wie ein Asynchronmotor mit Schlupfwiderstand. Es ergibt sich dann ein Regulierantrieb, dessen Drehzahlcharakteristik und Bereich durch Abb. 68 gekennzeichnet ist.

Für den Antrieb von Staubschnecken wird man bei Verwendung von Drehstrom-Nebenschlußmotoren aber auch bei Schlupfregelung nicht über einen Drehzahlbereich von 4 : 1 gehen können, weil selbstventilierte Motoren dann wegen der schlechteren Ventilation zu warm werden. Bei Fremdbelüftung der Motoren ergeben sich günstigere Abkühlungsverhältnisse, so daß in solchen Fällen unter Umständen auch ein Regulierbereich bis 5 : 1 erreicht werden kann.

Bei Verwendung von Gleichstrommotoren wird die wirtschaftliche Grenze für reine Nebenschlußregelung auch ungefähr bei einem Regulierbereich von 3 : 1 liegen, da sich darüber hinaus zu große und schlecht ausgenutzte Motoren ergeben. Für größere Regelbereiche wird man bei Gleichstrommotoren zweckmäßig eine kombinierte Nebenschluß- und Hauptstromregelung anwenden und die Regelstufen so wählen, daß die Motoren den größeren Teil der Jahresbetriebsstunden in dem durch Feldschwächung zu erzielenden Drehzahlbereich arbeiten.

Bei größeren Regelbereichen, also z. B. über 4 : 1, kann es sich unter Umständen schon empfehlen, die Zubringermotoren mehrerer Kessel in Gruppen oder auch einzeln durch Periodenumformer oder Leonard-Aggregate zu steuern, es sei denn, daß die Antriebe der Zubringerschnecken eine mechanische Verstellung der Drehzahlen durch Übersetzungsgetriebe erhalten.

Bei der Auswahl der Motoren und der zugehörigen Anlaßapparate ist besonders darauf Rücksicht zu nehmen,

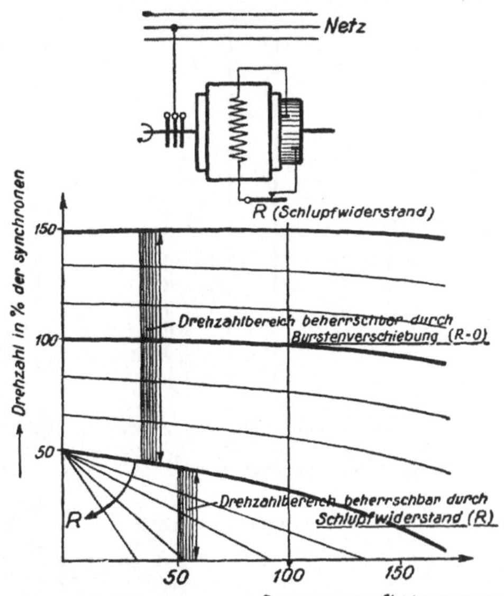

Abb. 68. Drehzahl-Charakteristik und -Bereich eines Drehstrom-Nebenschlußmotors mit Läuferspeisung und Drehzahlregelung durch Bürstenverschiebung.

daß die notwendigen Antriebsleistungen der Zubringerschnecken rechnerisch nur schwer bestimmt werden können und die Leistungen sich ferner auch ganz bedeutend mit dem Feuchtigkeitsgehalt des Staubes usw. ändern. Die tatsächliche Belastung der Motoren wird sich erst bei Inbetriebsetzung der Anlage herausstellen und bleibt auch dann noch Änderungen unterworfen. Die Motoren werden daher gewöhnlich sehr reichlich bemessen, so daß sie z. B. dauernd bis zu 100 vH überlastet werden können, wobei es jedoch ebenso wahrscheinlich bleibt, daß die Motoren im Betriebe dann zeitweise auch mit sehr geringer Teillast arbeiten. Werden Gleichstrom- oder Drehstrom-Nebenschlußmotoren verwendet, deren Drehzahl ja praktisch unabhängig von der Belastung ist, so kann der gewünschte Regulierbereich der Motoren auch bei geringer Teilbelastung erreicht werden. Handelt es sich aber um Gleichstrommotoren mit Hauptstromregelung oder Drehstrommotoren mit Schlupfregelung und wird bei der Dimensionierung der Regulieranlasser nicht von vornherein auf die mögliche große Unterbelastung der Motoren Rücksicht genommen, so können mit den normalen Regeleinrichtungen die verlangten Regulierbereiche nicht mehr erzielt werden, und es wird dann unter Umständen notwendig, die Anlasser nachträglich auszutauschen.

Bei den verhältnismäßig kleinen Leistungen, die für die Antriebe der Zubringereinrichtungen in Frage kommen, sollte für diese Motoren mög-

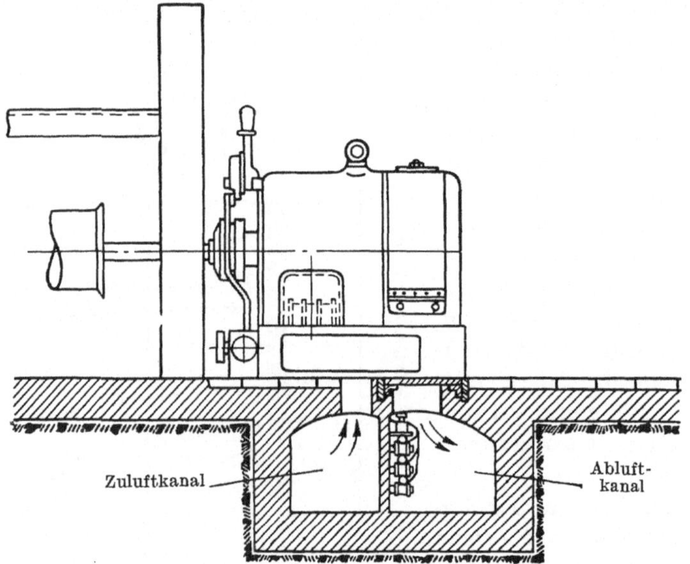

Abb. 69.   Anordnung der Luftkanäle bei Ausführung in Mauerwerk.

lichst die geschlossene Ausführung mit künstlicher Rückkühlung und staubsicheren Lagern gewählt werden. Bei Kesselhäusern großer Kraftwerke kann es unter Umständen angezeigt sein, ventiliert gekapselte Motoren aufzustellen und sämtliche Motoren der Zubringerbühne dann ähnlich Abb. 69 an einen gemeinsamen Zu- und Abluftkanal anzuschließen. Bei der Luftführung ist nur darauf zu achten, daß die Summe der Wege von Frisch- und Abluft für alle Motoren gleich wird (Abb. 70), damit eine gleichmäßige Belüftung der Motoren gewährleistet ist. Die Lüftung aller angeschlossenen Motoren erfolgt dann durch einen gemeinsamen Ventilator mit Preßluft. Unter Umständen kann es auch billiger sein, offene Motoren, die in gut abgedichtete Blechkästen eingebaut sind, aufzustellen und die Gehäuse der einzelnen Motoren ähnlich Abb. 69 an gemeinsame Luftleitungen oder Kanäle anzuschließen. Solche Gruppenbelüftungen werden besonders dann in Frage kommen, wenn sich die Lufttemperatur eines Kesselhauses der für die elektrischen Einrichtungen zulässigen Grenze nähert.

In Kraftwerken, in denen die motorischen Antriebe der Kesselhauseinrichtungen von einer zentralen Bühne, oder von Kesselpulten aus, oder durch Feuerungsregler ferngesteuert werden, müssen die Anlasser bzw. Bürstenbrücken der Motoren kleine motorische Fernantriebe er-

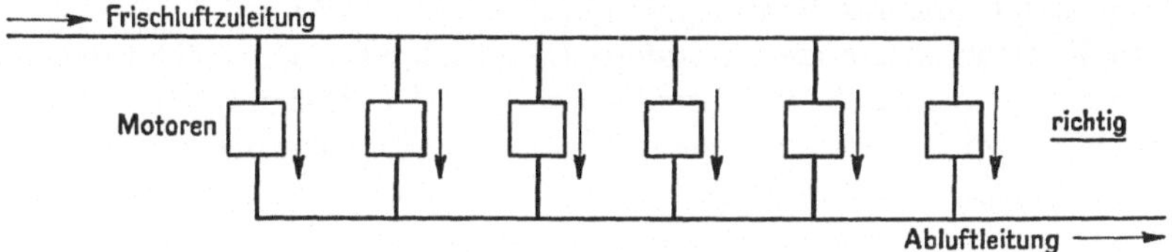

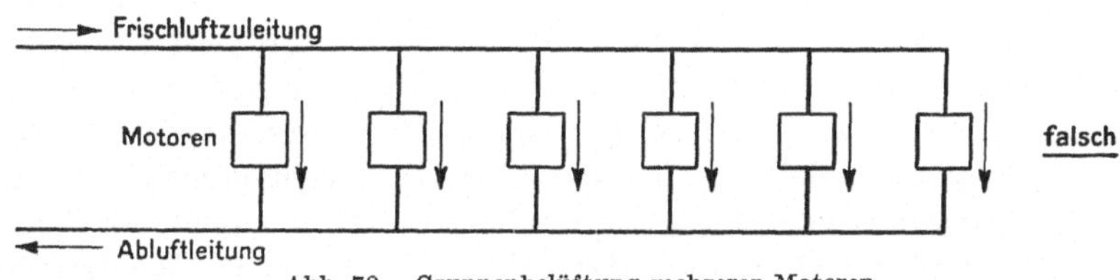

Abb. 70. Gruppenbelüftung mehrerer Motoren.

halten, es sei denn, daß die Zubringermotoren durch Periodenumformer oder Leonard-Aggregate gesteuert werden. Diese Umformer werden zweckmäßig in besonderen Räumen aufgestellt.

j) Antriebe für Kesselspeisepumpen.

Nach den behördlichen Vorschriften muß jede Dampfkesselanlage mit zwei zuverlässigen Vorrichtungen zur Kesselspeisung versehen sein, welche nicht von derselben Betriebsvorrichtung abhängig sind. In großen Kraftwerken werden zur Kesselspeisung nur rasch laufende Zentrifugalpumpen verwandt und die einzelnen Pumpensätze entsprechend den behördlichen Vorschriften durch Elektromotoren bzw. Dampfturbinen angetrieben.

Die durch die wechselnde Kesselbelastung gegebenen Änderungen der Fördermengen können durch Drosselung der Ventile oder innerhalb bestimmter Grenzen auch durch Regelung der Umlaufzahl der Motoren erfolgen. Gewöhnlich laufen aber die Pumpen mit konstanter Drehzahl durch und die durch Wasserstand und Kesselbelastung beeinflußten selbsttätigen Speisewasserregler öffnen oder schließen das Speisewasserventil in der Druckleitung. Diese Art der Leistungseinstellung wird gewöhnlich sowohl bei den motor- als auch dampfangetriebenen Kesselspeisepumpen angewandt. Der Regelung durch Drehzahlverstellung ist eine Grenze gesetzt, da die Drehzahl nicht unter eine bestimmte, vom Speisewasserdruck abhängige Grenze sinken darf.

Wegen der größeren Wirtschaftlichkeit des elektrischen Antriebes bei den für Kesselspeisepumpen in Frage kommenden Leistungen laufen die elektrisch angetriebenen Pumpensätze in der Regel im normalen Dauerbetrieb und die Turbospeisepumpen sind Reserve.

In Kraftwerken ohne besondere Hausturbinen, in welchen also die motorischen Antriebe im Eigenbedarf von der Hauptanlage versorgt werden, empfiehlt es sich, eine der Reservedampfpumpen im normalen Betrieb langsam mitlaufen zu lassen. Dieser Pumpensatz kann durch volles Öffnen des Dampfventils bei Störungen der motorisch getriebenen Pumpen sofort mit voller Leistung einspringen.

Oft sind einzelne Pumpensätze mit beiden Antriebsarten versehen, und die Turbine läuft dann, auf Vakuum geschaltet, während des normalen Betriebes leer mit. Beim Ausbleiben des Stromes kann sehr schnell und einfach von dem elektrischen auf Dampfbetrieb übergegangen werden. Das wechselseitige Umschalten kann durch eine besondere Umschaltvorrichtung auch selbsttätig vorgenommen werden, indem das Regulierventil der Dampfturbine bei Wegbleiben der Spannung oder Abfall der Drehzahl selbsttätig geöffnet und bei Wiederkehr der Spannung wieder geschlossen wird. Die Motoren müssen dann mit einer vollkommenen Selbstanlaßvorrichtung ausgerüstet werden.

In Kraftwerken, in denen der Eigenbedarf an die Hauptanlage des Werkes angeschlossen ist, müssen die Dampfreservepumpen einer öfteren Überprüfung unterzogen und in gewissen Abständen in Gang gesetzt werden.

Als Antriebsmotoren für die Kesselspeisepumpen kommen hauptsächlich Drehstromschleifringmotoren, unter Umständen auch Kurzschlußläufermotoren in Frage. Da für die Aufstellung der getrennten Anlasser mehr Raum benötigt wird, werden für die Pumpenmotoren sehr viel die direkt am Motor angebauten Anlaßwalzen verwandt.

Die Pumpengruppen selbst werden in der Regel in besonderen Pumpenhäusern, welche oft zwischen den einzelnen Kesselhäusern angeordnet sind, aufgestellt. Zur Verbilligung der Bedienung werden in manchen Werken die Pumpen im Kondensationskeller, oder direkt im Kesselhaus, untergebracht.

Für die mechanische Ausführung der Motoren empfiehlt es sich, Motoren zu wählen, die gegen Tropf- und je nach Aufstellungsort evtl. auch gegen Spritzwasser geschützt sind. Es kommt dafür die tropfwassersichere Ausführung oder die spritzwassersichere Ausführung in Frage. Bei der Auswahl der Motoren muß hauptsächlich auch auf die Temperaturverhältnisse im Pumpenhaus Rücksicht genommen werden.

In vielen Fällen wird den Motoren durch besondere Kanäle kühle Luft zugeführt werden müssen. Die Pumpenmotoren sollen wegen der Möglichkeit von Kondenswasserbildung eine erhöhte Isolation der Wicklungen (Sonderisolation) erhalten.

k) Elektrofilter.

Kraftwerke, die mit Kohlenstaubfeuerung arbeiten, stellen in der Regel den erforderlichen Kohlenstaub selbst her. Der Vermahlung der Stein- oder Braunkohle geht zur Entfernung des hauptsächlichen Wassergehaltes eine Trocknung voraus, die mittelbar durch Dampf oder un-mittelbar durch Feuergase erfolgen kann. Durch den ausgetriebenen Wasserdampf wird ein Teil der Kohle als Staub mitgerissen, der beim Entweichen in die Atmosphäre nicht nur einen Materialverlust bedeuten würde, sondern auch die Umgebung, besonders wenn das Kraftwerk in bewohnter Gegend liegt, belästigen würde. Hier leistet nun das Elektrofilter große Dienste, da es mit kleinstem Energieaufwand eine praktisch vollkommene Wiedergewinnung des mitgerissenen Kohlenstaubes bewirkt.

Das Elektrofilter enthält als wirksame Bestandteile zwei Arten von Elektroden, die Sprühelektroden und die Niederschlagselektroden, ebene Gebilde, abwechselnd in rund 15 cm Abstand nebeneinander angeordnet, zwischen denen das Staubluftgemisch hindurchstreicht und der elektrischen Einwirkung ausgesetzt wird. Die Sprühelektroden bestehen aus mit dünnen Drähten oder Sonderstreckmetall bespannten Rohrrahmen und sind an einem gemeinsamen isoliert angeordneten Traggerüst befestigt. Die Niederschlagselektroden bestehen aus ebenen Platten oder Wellblechen und sind elektrisch geerdet. Beide Elektrodenarten sind mit den beiden Polen mit einer aus einem ruhenden Transformator und einem synchron umlaufenden

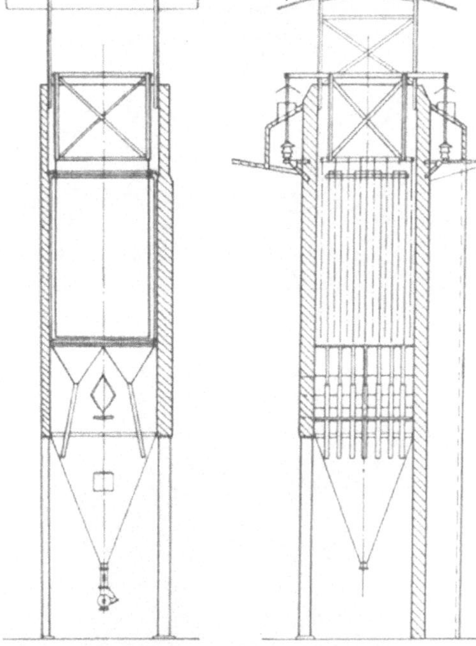
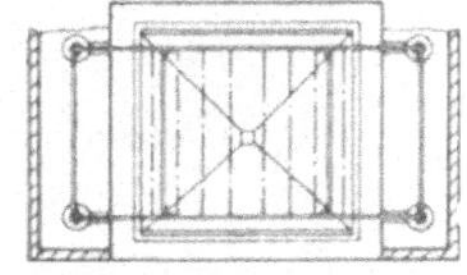

Abb. 71. Lotrechte Schnitte und Grundriß eines Kohlestaub-Elektrofilters

Abb. 72a.   Schlot-Elektrofilter, eingeschaltet.

Abb. 72b.   Schlot-Elektrofilter, ausgeschaltet.

Gleichrichter bestehenden Einrichtung verbunden. Der der Hausanlage des Kraftwerkes entnommene Wechselstrom wird in seiner Spannung durch den Transformator auf 50—80000 V erhöht und durch einen motorgetriebenen mechanischen Gleichrichter in pulsierenden Gleichstrom verwandelt. Die hochgespannte negative Elektrizität strömt aus den Sprühelektroden in das Gas aus und lädt die Staubteilchen negativ elektrisch, so daß sie von den positiven elektrischen Niederschlagselektroden angezogen werden und sich auf diesen absetzen, von denen sie entweder von selbst oder unter der Einwirkung einer besonderen Schüttelvorrichtung in den Bunker fallen.

Da der gewonnene Staub ohne weiteres zur Verbrennung verwendet werden kann, wird er aus dem Filter durch Förderschnecken sofort der Staubfeuerung zugeführt. Der Staubgewinn ist sehr verschieden, je nachdem ob Braunkohle oder Steinkohle getrocknet wird, und hängt außerdem auch von der Beschaffenheit der Kohle ab.

Abb. 71 zeigt ein unmittelbar in einem Schlot eingebautes Elektrofilter und Abb. 72 die Außenansicht eines solchen Schlotes mit ein- und ausgeschaltetem Filter.

Wie aus Abb. 73 zu ersehen ist, können die wenig umfangreichen elektrischen Einrichtungen zur Erzeugung des hochgespannten Gleichstromes auf sehr geringem Raum untergebracht werden.

Eine weitere Anwendung findet das Elektrofilter in Kraftwerken zur Abscheidung von Flugasche aus den Rauchgasen. Wie der in die Atmo-

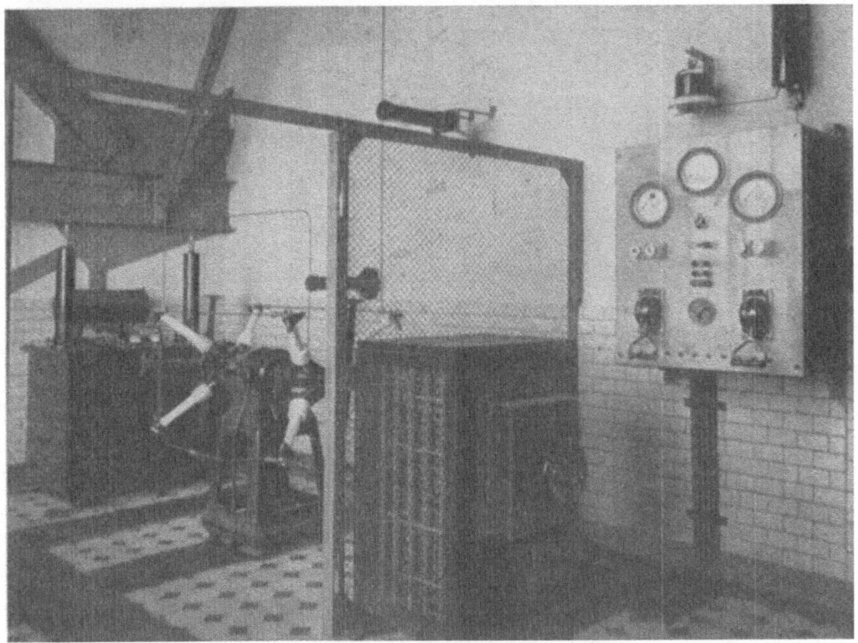

Abb. 73. Hochspannungsanlage für ein Elektrofilter. (Transformator, Gleichrichter mit Antriebsmotor, Regelwiderstand, Schalttafel.)

sphäre mitgerissene Kohlenstaub die Umgebung belästigen würde, so geschieht das ja in vielen Fällen auch durch die aus dem Schornstein ausgestoßene Flugasche. Besonders bei minderwertigen Brennstoffen, wie z. B. Rohbraunkohle, sind diese Staubmengen beträchtlich.

Bei dem heutigen Bestreben, Kesselanlagen von immer höherer spezifischer Leistung zu bauen, wird auch bei Verwendung hochwertiger Brennstoffe der aus dem Schornstein beförderte Anteil der Asche immer mehr zunehmen. Wird die Kohle in Staubform verfeuert, so werden viele Tonnen von Asche täglich in feinster Form in die Luft geführt.

Wie die Abb. 74 und 75 zeigen, können in solchen Fällen Elektrofilter unersetzliche Dienste leisten.

9*

Die Elektrofilter wurden durch jahrelange, sehr sorgfältig durch-
geführte Versuche zu durchaus betriebssicheren und zweckentsprechen-
den Einrichtungen entwickelt und gehören heute zu der normalen Aus-

Abb. 74. Blick auf den (mittleren) Schornstein bei ausgeschaltetem Elektrofilter.

rüstung eines modernen Kraftwerkes. Namentlich bei modernen Hoch-
leistungskesselanlagen nach Benson, die einen äußerst gesteigerten

Abb. 75. Blick auf den (mittleren) Schornstein bei eingeschaltetem Elektrofilter.

Durchsatz aufweisen, wird die Beseitigung des Flugaschestaubes zur
zwingenden Notwendigkeit.

Der Energiebedarf ist sehr gering und beträgt in der Regel etwa
0,1—0,2 kWst je 1000 m³ Brüden. Die Zugverluste, die mit etwa 2 bis

4 mm WS gemessen wurden, sind praktisch zu vernachlässigen; die Wartung einer Filteranlage ist denkbar einfach und kann von dem vorhandenen Personal ohne weiteres mit übernommen werden.

VIII. Motorischer Antrieb in Kondensationsanlagen.

Die Betriebsbereitschaft der Hauptmaschinensätze ist in erster Linie mit von dem störungsfreien Arbeiten der Kondensationsanlage abhängig. Bei der Auswahl des Antriebes für die Kondensation muß

Abb. 76. Wumag-Kondensationsanlage für Kraftwerk Oberschlesien, Beuthen O/S.

daher hauptsächlich auf die Betriebssicherheit Rücksicht genommen werden. In den weitaus meisten Fällen hat jede Turbine ihre eigene Kondensationsanlage. Die Kühlwasserpumpen erhalten gewöhnlich einen besonderen Antrieb (Abb. 76 und 77), während die Luft- bzw. Beaufschlagungspumpe für den Strahlapparat und die kleinere Kondensatpumpe oft gemeinsam angetrieben werden.

Die Frage, ob in einem Kraftwerk für die Kondensationsanlagen elektrischer Antrieb oder ein Antrieb durch Hilfsturbinen vorzusehen ist, kann allgemein nicht in einem oder anderen Sinne beantwortet, sondern muß von Fall zu Fall entschieden werden. Dem elektrischen Antrieb allein stehen so lange keine Bedenken entgegen, als man unbedingt sicher sein kann, daß für die Kondensationsmotoren immer Strom, auch beim An- und Abstellen der Turbosätze, zur Verfügung steht.

Zur Inbetriebsetzung großer Dampfturbinensätze ist es notwendig, vorher die Kondensation anzulassen, um die Turbine auf Vakuum anfahren zu können, und auch beim Stillsetzen soll zuerst die Hauptturbine abgestellt und dann erst die Kondensation außer Betrieb gesetzt werden. Oft sind die Kondensationsmotoren direkt an die Klemmen der Generatoren angeschlossen, weil dadurch auch bei selbsttätiger Abschaltung eines Generators infolge Überlastung oder Kurzschluß die Stromversorgung der Kondensation durch den zugehörigen Generator

Abb. 77. MAN-Kondensationsanlage mit Doppelkondensator, Förderleistung 5500 cbm in der Stunde. Großkraftwerk Franken A.-G., Stein b. Nürnberg.

sichergestellt bleibt. Zum Anfahren und Abstellen der Turbine müssen dann aber solche direkt angeschlossenen Motoren noch eine zweite Verbindung zu den Eigenbedarfssammelschienen des Werkes oder zu einer fremden Stromquelle erhalten. Beim Anlassen der Turbine liegt der Kondensationsmotor dann z. B. an den Eigenbedarfsschienen des Werkes und wird erst nach erfolgter Inbetriebsetzung und Parallelschaltung des Aggregates an seinen zugehörigen Generator gelegt. Beim Abstellen der Turbine wird dann dieselbe Umschaltung in umgekehrter Reihenfolge vorgenommen.

Bei großen Aggregaten wird der direkte Anschluß der Kondensationsmotoren an die Generatoren aber dadurch verteuert, daß die Apparate für diesen Motorabzweig durch Vorschaltung von Kurzschlußdrosselspulen gegen die Wirkungen der hohen Kurzschlußströme geschützt werden müssen. Da die Umschaltungen beim Anlassen und Abstellen der Turbine auch ein Gefahrmoment einschließen und eine sehr aufmerksame Bedienung erfordern, ferner durch die Umschaltung das Schaltbild des ganzen Kraftwerkes auch etwas kompliziert wird, sieht man bei Großaggregaten oft vom direkten Anschluß der Kondensationsmotoren an die Generatorklemmen ab. Die Anordnung hat auch den Nachteil, daß bei irgendeiner Spannungsabsenkung des Generators durch Kurzschluß im Netz die Kondensationsmotoren sehr leicht stehenbleiben können. Handelt es sich um einen nur vorübergehenden Kurzschluß, so treten oft die auf längere Zeit eingestellten Überstromauslöser des Generatorölschalters gar nicht in Funktion, und der Generator bleibt bei stehender Kondensation voll belastet im Betrieb.

Werden die Kondensationsmotoren über die Eigenbedarfssammelschienen und Haustransformatoren von der Hauptanlage des Werkes gespeist, so können sich die Kurzschlußstörungen der Hauptanlage auch auf die Kondensationsmotoren übertragen und bei größeren Störungen werden die Kondensationsmotoren bei sinkender Spannung stehenbleiben.

Bei kleineren Maschinensätzen ist ein plötzliches und unvorhergesehenes Versagen der Kondensation nicht so wesentlich, weil die Turbinen dann mit fallendem Vakuum selbsttätig auf Auspuffbetrieb übergehen. Aber auch bei kleinen Turbinen muß dann so schnell wie möglich für Entlastung gesorgt werden.

Bei Großturbinen würde schon ein kurzzeitiger Auspuffbetrieb die Maschine gefährden. Beim Auspuffbetrieb steigt die Erwärmung auf der Niederdruckseite sehr schnell, die Maschine neigt alsdann zu Vibrationen. Infolge des höheren Dampfverbrauches fällt die Dampfspannung, und es besteht die Gefahr des Mitreißens von Wasser aus den Kesseln in die Turbine, was letzten Endes leicht zu Schaufeldefekten führen kann. Bei großen Turbinen ist auch der Abdampfstutzen sehr gefährdet, der bei Auspuffbetrieb im Augenblick von der kalten Vakuumtemperatur auf die verhältnismäßig hohe Auspufftemperatur gebracht wird. Große Turbinen erhalten oft auch nicht mehr die Einrichtungen, die für einen Auspuffbetrieb notwendig sind. Bleibt dann aus irgendeinem Grunde die Kondensation stehen, und ist die Möglichkeit der Umschaltung der Kondensationsmotoren auf eine andere Stromquelle nicht sofort gegeben, dann muß die Hauptmaschine unbedingt stillgesetzt werden.

Der Ausfall einer derart beträchtlichen Generatorleistung kann aber die Gesamtstromversorgung des Werkes in Frage stellen, und es müssen daher in Kraftwerken, in welchen die Stromversorgung für die elektrischen Antriebe nicht auf alle Fälle sichergestellt ist, andere Maßnahmen getroffen werden.

Große Maschinensätze erhalten in der Regel einen doppelten Kondensator mit 2 getrennten Pumpensätzen, die gewöhnlich durch besondere Rohrleitungen und Ventile zur Reserve auf beide Kondensatorhälften geschaltet werden können. In Kraftwerken, in denen keine besonderen Hausgeneratoren zur Versorgung des Eigenbedarfs vorhanden sind, wird der eine Pumpensatz elektrisch und der andere mit Dampfturbine angetrieben (Abb. 77). Bei Ausfall des elektrisch getriebenen Teiles arbeitet die Turbine auf kurze Zeit mit dem dampfgetriebenen Kondensator weiter, bis der laufende Pumpensatz auf beide Kondensatorhälften geschaltet ist. Die dann allerdings unwirtschaftlich arbeitende Hauptturbine kann also in Betrieb gehalten werden. Auch das An- und Abstellen des Maschinensatzes ist dann durch den turbinengetriebenen Pumpensatz sichergestellt. Im Winter oder bei Teilbelastung der Turbine wird manchmal ein Pumpenwerk zur Herabsetzung der Kondensationsverluste ganz stillgesetzt. Oft werden die Pumpen bei Doppelkondensatoren so gewählt, daß jeder Pumpensatz beide Kondensatoren bei vollbelasteter Turbine versorgen kann.

Auch ein in Abb. 76 dargestellter, kombinierter, dampfelektrischer Antrieb trägt der Forderung nach größter Betriebssicherheit Rechnung. Ein solcher Pumpensatz hat entweder eine ausrückbare Kupplung, mit welcher die Turbine nach dem Hochfahren abgekuppelt wird, oder aber die Turbine läuft weiter leer mit und wird dann, um die Verluste gering zu halten, auf Vakuum geschaltet. Der Hauptvorteil der letzteren Anordnung gegenüber der Turbine mit ausrückbarer Kupplung liegt in der Möglichkeit, jederzeit bei Ausbleiben des Stromes vom elektrischen auf Dampfbetrieb übergehen zu können.

Es sind auch Schaltungen bekannt, die diese wechselseitige Umschaltung von Motor und Turbine je nach Bedarf selbsttätig und ohne besondere Wartung vornehmen. Beim Versagen der Stromzufuhr wird das Absperrventil in der Frischdampfleitung zur Turbine geöffnet, und die Hilfsturbine übernimmt dann den Betrieb der Kondensation. Bei Rückkehr der Spannung geht der Motor wieder in Betrieb, und das Dampfventil wird selbsttätig geschlossen.

In Kraftwerken, in welchen der Eigenbedarf durch Hausturbinen versorgt wird, die elektrisch von der Hauptanlage des Werkes vollkommen unabhängig sind, ist ein hoher Sicherheitsgrad für eine störungsfreie Stromversorgung der Motoren im Eigenbedarf gegeben. In solchen Werken wird man den rein elektrischen Antrieb der Kondensationsanlagen als den wirtschaftlicheren bevorzugen. Bei einer Versorgung der Kondensationsmotoren durch Hausgeneratoren bleiben die noch möglichen Störungen auf die Vorgänge im Eigenbedarfsnetz beschränkt.

Bei ordnungsgemäßer Wartung sind diese Störungsmöglichkeiten jedoch außerordentlich gering, vorausgesetzt, daß die Eigenanlage richtig projektiert und vor allen Dingen auch sorgfältig montiert wurde.

In Kraftwerken ohne besondere Hausgeneratoren, in denen also die Kondensationsmotoren von den Eigenbedarfsschienen des Werkes versorgt werden, sollte man aus den obengenannten Gründen von rein elektrischen Kondensationsantrieben möglichst absehen. Wenn aber eine solche Anordnung bei Maschinensätzen kleinerer Leistung gewählt wird, dann wird es sich empfehlen, die Kondensationsmotoren mit Einrichtungen zum Selbstanlauf auszurüsten. Da bei einer selbsttätigen Wiedereinschaltvorrichtung für Schleifringmotoren der gesamte Anlaßvorgang, gerechnet vom Zeitpunkt der Abschaltung bis zum Anlassen auf volle Drehzahl, je nach der Größe des Motors immerhin etwa 20—30 Sek. dauern kann, können sich unter Umständen aber bereits die oben geschilderten Störungen an den Turbinen ergeben. Etwas günstiger liegen die Verhältnisse, wenn zum Antrieb der Kondensation Drehstromkurzschlußläufermotoren mit direkter Ständereinschaltung und Selbstanlauf verwandt werden. Auf alle Fälle empfiehlt es sich, die bei rein elektrischem Antrieb der Kondensation möglichen Betriebsverhältnisse mit dem Lieferanten der Dampfturbinen schon bei der Planung des Kraftwerkes durchzusprechen.

In Kraftwerken, in denen für die Kesselhausversorgung Gleichstrom gewählt wurde und eine große Leistungsbatterie zur Reserve vorhanden ist, wird man unter Umständen für einzelne Turbosätze rein elektrische Kondensationsantriebe, und zwar einen Drehstrom- und einen Gleichstromreserveantrieb, vorsehen können. Beim An- und Abstellen der Turbinen oder bei Ausfall des Drehstromantriebes wird dann der Gleichstrommotor auf kurze Zeit den Betrieb übernehmen können. Die gleiche Anordnung wird z. B. für städtische Kraftwerke, die auch Gleichstrom liefern, in Frage kommen, da in solchen Kraftwerken gewöhnlich sehr große Batterien vorhanden sind.

Als Antriebsmotoren für die Kondensationspumpen werden hauptsächlich Drehstromschleifring- oder Kurzschlußläufermotoren verwandt. Ähnlich wie bei den Kesselspeisepumpen werden auch hier die Anlasser gern direkt an die Motoren angebaut. Ein Schutz gegen Tropfwasser soll stets vorgesehen werden, in vielen Fällen wird auch eine spritzwassersichere Kapselung notwendig sein. Die Wicklungen der Motoren erhalten oft eine erhöhte Isolation (Sonderisolation).

IX. Eigenbedarfsanlagen in Wasserkraftwerken.

Für die Stromversorgung und Anordnung der Eigenbedarfsanlagen in großen Wasserkraftwerken gelten im wesentlichen dieselben Gesichtspunkte wie bei Dampfkraftwerken. Nachstehend wird aber auf einiges hingewiesen, was bei der Planung der Hausanlagen von Wasserkraftwerken besonders zu berücksichtigen ist.

In Wasserkraftwerken werden Elektromotoren im wesentlichen zum Antrieb der Reglerpumpen, Schmier- und Kühlwasserpumpen, zur Betätigung der Schützen und sonstigen Absperrorgane benutzt.

Der vorliegende Rahmen läßt es nicht zu, auf die Einzelheiten des mechanischen Teiles der verschiedenen Vorrichtungen, die zu einem modernen Wasserkraftwerk gehören, näher einzugehen. Der mechanische Teil wird daher nur insoweit berührt, als es zum besseren Verständnis des behandelten Stoffes nötig erscheint.

a) Druckölversorgung der Turbinenregler.

Die Verstellung der Beaufschlagungsorgane der Wasserturbinen erfordert eine bedeutende Arbeitsleistung, welche nicht mehr, wie z. B. bei Dampfturbinen durch Pendelregler (Zentrifugalpendel), direkt geleistet werden kann. Zur Bewegung des Leitapparates wird eine Hilfsvorrichtung (Servomotor) verwendet, deren Steuerorgane in der Weise mit dem Zentrifugalpendel verbunden sind, daß beim Steigen der Drehzahl ein Schließen des Leitapparates eintritt und umgekehrt. Die zur Betätigung der Turbinenregler erforderliche Hilfskraft wird durch Pumpen in Form von Öldruck erzeugt.

Für kleinere Turbinen ergibt sich ein sehr gedrängter Aufbau des Reglers, indem die Regulierpumpe das Öl in einfacher Weise unter Zwischenschaltung eines Überström- oder Sicherheitsventils in den Servomotorzylinder fördert. Für größere Turbinen ist diese Reglerkonstruktion wegen des erheblichen Arbeitsaufwandes für die Steuerung nicht mehr verwendbar. Bei Reglern für größere Leistungen wird daher entweder zwischen Pumpe oder Servomotor ein Windkessel als Energiespeicher eingebaut, oder die Regler werden nach dem Stufensystem gebaut und erhalten dann 3 Pumpen mit verschieden großen Fördermengen, die je nach der Größe der Regelbewegung selbsttätig eingeschaltet werden. Im Beharrungszustand und bei kleinen Belastungsschwankungen arbeitet die kleinste Pumpe, während bei mittleren Schwankungen die mittlere und bei den größeren die größte Pumpe in Tätigkeit gesetzt und hierdurch der dauernde Leistungsverbrauch des Reglers auf ein Mindestmaß gebracht wird. Für Großturbinen werden jedoch im allgemeinen die einfacheren Windkesselregler vorgezogen.

Bei kleinen und mittleren Turbinen wird die Reglerdruckölpumpe von der Turbinenwelle durch Riemen oder Räderübersetzungen angetrieben, während bei großen Maschinensätzen für die Regler oft durch Elektromotor angetriebene Druckölpumpen vorgesehen werden. Wie aus nachstehenden Erläuterungen hervorgeht, erfordern motorisch getriebene Druckölpumpen aber ziemlich umfangreiche Maßnahmen zur Sicherstellung der Druckölversorgung, so daß es sich empfiehlt, dem mechanischen Antrieb möglichst auch bei großen Turbinen den Vorzug zu geben.

Abb. 78 zeigt eine Druckölanlage, wie sie von der Firma J. M. Voith

Abb. 78. Druckölanlage für eine Turbine mittlerer Größe. (J. M. Voith.)

für Turbinen mittlerer Leistung verwendet wird. Die in dem geräumigen Ölbehälter eingebaute Zahnradpumpe wird unter Zwischenschaltung eines Stirn- und Kegelradgetriebes starr von der Turbinenwelle aus angetrieben. Die Durchführung für die Antriebswelle ist auf der Vorderseite des Ölbehälters sichtbar.

Wegen des notwendigen Kraftaufwandes können die Leitschaufeln größerer Turbinen zur Inbetriebsetzung auch nicht mehr wie bei kleineren Turbinen von Hand geöffnet werden, die Bewegung kann vielmehr nur hydraulisch (durch Öldruck) erfolgen. Bei Stillstand der Turbinen und vollkommener Stromlosigkeit des Kraftwerkes können weder die direkt von der Turbinenwelle noch die motorgetriebenen

Reglerpumpen das zum Öffnen des Leitapparates notwendige Drucköl erzeugen. Auf dem Ölbehälter in Abb. 78 ist daher noch eine Zahnradpumpe mit elektrischem Antrieb zur ersten Füllung des Windkessels vorgesehen, welche gleichzeitig auch als Reserve für die mechanisch angetriebene Ölpumpe dient. Wenn keine Verbindung mit einem fremden Werk vorhanden ist, so muß zur ersten Stromversorgung dieser Zahnradpumpe eine Hausturbine oder ein kleines Benzinaggregat aufgestellt werden. Sind in dem Kraftwerk Hausturbinen nicht vorgesehen, so werden die Reservepumpen gewöhnlich mit Gleichstrommotoren ausgerüstet, um beim Stromloswerden des Kraftwerkes, womit als ungünstigsten Betriebsfall gerechnet werden muß, in der Hausbatterie eine Reserve für die Druckölerzeugung zu haben. Auch in einem Kraftwerk, dessen Turbinen nur mit motorgetriebenen Druckölpumpen ausgerüstet sind, muß eine Kraftquelle zur erstmaligen Druckölerzeugung im Windkessel vorgesehen werden.

Bei Turbinen, deren Druckölpumpen starr von den Turbinenwellen angetrieben werden, bleibt die Ölversorgung von allen Betriebsvorgängen im elektrischen Teil des Kraftwerkes unbeeinflußt. Bei motorgetriebenen Pumpen dagegen muß entweder für eine störungsfreie Stromzufuhr für die motorischen Antriebe gesorgt oder eine sichere Druckölversorgung durch Aufstellung einer turbinengetriebenen Reserveölpumpe geschaffen werden. Gleichstrom wird für den Antrieb der Ölpumpen seltener verwendet, da die verhältnismäßig große Leistung der dauernd laufenden Pumpen die Aufstellung einer sehr großen Batterie und auch besonderer Umformer notwendig machen würde.

Wird für die Motoren der Ölpumpen Drehstrom gewählt und werden die Motoren ohne besondere Sicherheitsmaßnahmen an die Hausanlage des Kraftwerkes angeschlossen, so können sich, wie nachstehende Beispiele zeigen, in der Ölversorgung Störungen ergeben.

Bei einem Kurzschluß in der Schaltanlage können die durch Haustransformatoren von der Hauptanlage gespeisten Motoren der Ölpumpen wegen des Spannungsrückganges der Hauptanlage stehenbleiben. Die Generatorschalter fallen nach Ablauf der eingestellten Zeitverzögerung heraus, die Turbinenregler werden aber nicht ganz schließen, sondern auf Leerlauf arbeiten. Die Servomotoren der weiterlaufenden Maschinensätze werden bei stillstehender Ölversorgung wahrscheinlich aber noch kleine Bewegungen machen und dadurch Drucköl verbrauchen. Stillstehende Turbinen werden mit Hilfe des in den Windkesseln vorhandenen Öldruckes auch nach längerem Stillstand wieder angelassen werden können. Bei leer laufenden Turbinen dagegen wird man aber mit der Wiedereinschaltung des ersten Generators und Inbetriebsetzung seiner Reglerpumpe nicht zu lange warten dürfen, weil sonst die Gefahr besteht, daß der Öldruck durch den Reglerverbrauch und die Undichtigkeiten der Reglereinrichtung so weit sinkt, daß die zum Öffnen des Leitapparates der Turbinen notwendige Verstellkraft von dem Servomotor nicht mehr aufgebracht werden kann.

Bei einem Kurzschluß in der Hauptanlage oder in den ausgehenden Leitungen kann sich die Kraftwerksspannung auf kurze Zeit auf einen solchen Betrag erniedrigen, daß die Ölpumpenmotoren zwar zum Stillstand kommen, die auf längere Zeit eingestellten Generatorschalter aber gar nicht öffnen, da die Kurzschlußstelle inzwischen z. B. von einem auf kürzere Zeit eingestellten Abzweigschalter abgeschaltet wurde. Die Spannung der Generatoren wird sich in wenigen Sekunden wieder erholen, und die belasteten Turbinen laufen bei stillstehender Ölversorgung weiter. Da die Windkessel in der Regel nur für etwa 2—3 aufeinanderfolgende volle Reglerhübe bemessen sind, ist es sehr wahrscheinlich, daß der Windkesseldruck durch die sich bei diesem Vorgang ergebenden Reglerspiele in kürzerer Zeit erschöpft ist, als das Bedienungspersonal zum Wiederanlassen der Reglerpumpen braucht. Wird das Druckölvolumen nicht rechtzeitig wiederhergestellt, so besteht weiter auch die Möglichkeit, daß sich die Windkessel so weit entleeren, daß Luft in die Ölleitungen und Ventile eintritt.

Wenn zum Antrieb der Druckölpumpen Motoren mit Selbstanlauf oder mit selbsttätigen Anlaßvorrichtungen verwendet werden, ergeben sich etwas bessere Verhältnisse, die unter Umständen jedoch auch noch nicht zur vollkommenen Sicherstellung des Betriebes ausreichen. In vielen Fällen wird sich der Drehstromkurzschlußläufermotor mit direkter Ständereinschaltung und Selbstanlauf für den Antrieb der Pumpen sehr eignen. Da die Ölpumpen gewöhnlich mit etwas geringerem als dem höchsten Betriebsdruck anlaufen werden, wird auch das Anlaufmoment kleiner als das normale Drehmoment bei voller Drehzahl und Leistung, so daß Kurzschlußläufermotoren in den weitaus meisten Fällen genügen werden. Reicht das Anlaufmoment des Kurzschlußmotors nicht aus, so wird man Schleifringläufermotoren mit selbsttätiger Wiedereinschaltvorrichtung vorsehen.

Eine selbsttätige Anlaßvorrichtung wird, gerechnet vom Abschalten des Motors durch den Spannungsrückgangsauslöser des Ständerschalters, bis zum vollkommenen Anlassen auf volle Drehzahl je nach Größe des Motors immerhin etwa 15—30 Sek. brauchen, unter der Voraussetzung, daß die Spannung sofort nach dem Auslösen des Ständerschalters wiederkehrt. War der Turbinenregler inzwischen in Tätigkeit, so ist es möglich, daß das Drucköl während der Anlaßzeit der Motoren zum größten Teil verbraucht wurde und die Turbinenregulierung dann versagt. Trotz der verhältnismäßig langen Anlaßzeit werden die Motoren der verschiedenen Regler durch die selbsttätigen Wiederanlaßvorrichtungen wahrscheinlich aber immer noch schneller in Gang gebracht werden als durch das Bedienungspersonal.

Wie die oben geschilderten Betriebsvorgänge zeigen, ist der Betrieb eines Kraftwerkes, in welchem die Motoren der Druckölpumpen durch Haustransformatoren von der Hauptanlage gespeist werden, unter Umständen sehr gefährdet, und es ist daher notwendig, in solchen Fällen die Drucköversorgung auf andere Weise sicherzustellen.

Abb. 79 zeigt eine Ölpumpengruppe, wie sie von der Mittleren Isar A.-G. in den Kraftwerken Aufkirchen und Eitting verwendet wird[1]).

Abb. 79.   Erreger- und Regleraggregat für einen Drehstromgenerator im Kraftwerk Eitting
der Mittleren Isar A.-G.   (Spaltpolerregermaschine nach Ossanna.)

Die Ölpumpe für den windkessellosen Regler, die Ossannaerregermaschine für den Hauptgenerator, die Schmierpumpen für die Turbinen- und Generatorlager haben einen gemeinsamen Antrieb durch einen Drehstrommotor, welcher an das Hausnetz angeschlossen ist. Zwischen der Erregermaschine und dem Rädervorgelege der Ölpumpe sitzt ein Stahlgußschwungrad, das beim Ausfall des Motors den Antrieb übernimmt. Die Energieabgabe des Schwungrades ist natürlich mit einer Geschwindigkeitsverminderung verbunden, und nach einer bestimmten Zeit wird die Drehzahl der Gruppe eine untere, für den Betrieb noch zulässige Grenze erreichen. Ist in der Zwischenzeit die Spannung nicht wiedergekehrt, so muß bei einer festgelegten unteren

---

[1]) ETZ. 1926, Heft 22.

Drehzahl mit dem Schließen der Turbine begonnen werden, damit die dazu notwendige Energie noch sicher im Schwungrad zur Verfügung steht.

Damit bei solchen Reserveschwungradantrieben die Antriebsmotoren der Ölpumpen bei Wiederkehr der Spannung nicht durch die Ständerschalter vom Netz getrennt werden und auch wieder von selbst anlaufen, müssen besondere Vorkehrungen getroffen werden. Geht man mit der Absenkung der Drehzahl z. B. bis auf 50 vH, so wird ein Schleifringmotor bei Wiederkehr der Spannung etwa 80 vH seines Kurzschlußstromes aufnehmen und bei kurzgeschlossenem Läufer nicht auf Touren kommen. Das Hochlaufen kann aber z. B. dadurch erreicht werden, daß man einen Teil des Anlaßwiderstandes im normalen Betrieb durch ein Schütz, welches den Widerstand beim Spannungsrückgang freigibt, kurzschließt. Bei Wiederkehr der Spannung wird dann der Motor, da ein entsprechender Widerstand im Rotorkreis liegt, wieder anlaufen. Der Widerstand kann bei einer bestimmten Drehzahl z. B. durch einen Fliehkraftschalter wieder durch das Schütz überbrückt werden.

Ein Kraftwerk, dessen Eigenbedarfsanlage zur Reserve auch mit einem fremden Werk verbunden ist, kann für die Reglerpumpen eine selbsttätige Umschaltung, welche die Motoren beim Versagen der Stromzufuhr sofort auf das fremde Werk schaltet, vorsehen. Beim Zurückgehen der Kraftwerksspannung bzw. dem Umschaltvorgang wird aber ein Drehzahlabfall oder unter Umständen auch ein Stehenbleiben der Motoren nicht zu verhindern sein, man erreicht jedoch ein sofortiges Wiederingangsetzen der Motoren. Für eine solche Anordnung wird man möglichst Kurzschlußläufermotoren mit Selbstanlauf verwenden, da bei Schleifringläufermotoren, wie oben erwähnt, besondere Anlaßvorrichtungen notwendig werden. Bei Kurzschlußläufermotoren ist darauf zu achten, daß bei der plötzlichen Belastung der Verbindungsleitung mit dem hohen Anlaufstrom der Kurzschlußmotoren der Spannungsabfall in der Verbindungsleitung zu dem fremden Werk nicht zu groß wird, weil sonst die Motoren nach der Umschaltung nicht das notwendige Anlaufmoment aufbringen.

Andere Werke wieder versuchen, sich eine erhöhte Sicherheit der Ölversorgung dadurch zu schaffen, daß sie für die Antriebsmotoren der Ölpumpen reichlichere Modelle mit höherem Kippmoment wählen, so daß ein Durchziehen der Pumpen auch noch beim Absenken der Spannung, z. B. auf die Hälfte, gewährleistet ist.

Eine von den Betriebsvorkommnissen der Hauptanlage vollkommen unabhängige Drucköljversorgung kann bei motorgetriebenen Ölpumpen durch Aufstellung besonderer Hausturbinen erreicht werden.

b) Hausturbine.

Für die Versorgung der Hausanlage werden auch in Wasserkraftwerken die verschiedensten Kombinationen angewendet. Bei der Projektierung der Hausanlage muß nur darauf geachtet werden, daß bei Ausfall der Ölpumpenmotoren keine größere Erschöpfung des Öldruckes eintritt und weiter auch ein schnelles Ingangsetzen der Turbinen bei vollkommener Stromlosigkeit des Kraftwerkes möglich ist.

Durch Aufstellung eines durch eine Wasserturbine angetriebenen Hausgenerators kann der Hausbetrieb von den Vorgängen in der Hauptanlage vollkommen unabhängig gemacht und dadurch auch die Stromzufuhr für die Ölpumpenmotoren usw. sichergestellt werden. Es ist aber notwendig, daß die Hausturbine dauernd in Betrieb bleibt.

Aus den im Abschnitt V genannten Gründen ist es nicht möglich, einen solchen Hausgenerator mit der Hauptanlage parallel zu schalten und die Hausturbine leer mitlaufen zu lassen, in der Absicht, bei einer Störung in der Hauptanlage die Verbindung zu trennen und dem Hausgenerator die Stromversorgung des Hausbetriebes zu übertragen.

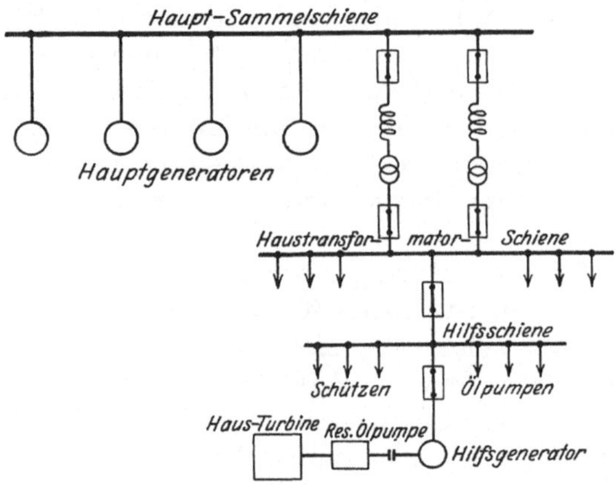

Abb. 80. Eigenbedarfsanlage mit Hausturbine, Reserve-Druckölpumpe und Hilfsgenerator.

In Abb. 80 ist mit der Hausturbine eine Druckölreservepumpe und ein kleiner Drehstromgenerator gekuppelt. Im normalen Betrieb werden die Ölpumpenmotoren der einzelnen Regler ebenso wie der übrige Hausbedarf von den Eigenbedarfssammelschienen versorgt. Die Ölleitungen aller Regler werden untereinander verbunden und an diese gemeinsame Verbindungsleitung die von der Hausturbine getriebene Reservepumpe, welche als volle Reserve für alle Regler bemessen ist, angeschlossen. Während der Hausgenerator im normalen Betrieb abgekuppelt ist oder unerregt mitläuft, wird die Druckölpumpe so gesteuert, daß sie erst beim Zurückgehen des Öldruckes auf einen bestimmten Wert selbsttätig die Ölversorgung übernimmt. Fallen also bei einer Störung in der Hauptanlage die Pumpenmotoren der einzelnen Reglersätze aus, so bleibt die Drucköllieferung durch das sofortige Einspringen der Reserveölpumpe gesichert. In die gemeinsame Öldruckleitung kann auch noch ein Kontaktmanometer, das beim Sinken des Öldruckes eine Alarmvorrichtung in Tätigkeit setzt, eingebaut werden.

Der Hausgenerator wäre in diesem Fall für die Ölversorgung eigentlich überflüssig, muß aber in der Regel zur Stromversorgung der motorischen Antriebe der Einlaufschützen und sonstigen Absperrorgane doch
vorgesehen werden, um die Turbinen schnell und vollkommen unabhängig vom Betriebszustand der Hauptanlage in Betrieb nehmen zu
können. Zweckmäßig wird der Hausgenerator so bemessen, daß er auch
zur Versorgung eines Reglerpumpenmotors ausreicht. Dann hat man
für die Drucköversorgung des ganzen Kraftwerkes, und auch beim
Defektwerden einer der Reglerpumpen, eine Reserve in der durch die
Hausturbine getriebenen Reservepumpe und bei Störungen in der
Stromzufuhr eines der Pumpenmotoren auch noch die Möglichkeit,
die eine oder andere Reglerpumpe mit Strom aus dem Hausgenerator
anzutreiben. Die Ölpumpen der einzelnen Turbinenregler werden öfter
auch so bemessen, daß sie zur Drucköversorgung von 2 Turbinen ausreichen.

In Kraftwerken, deren Turbinen mit Windkesselregulierung ausgerüstet sind, kann mit der Hausturbine auch noch ein kleiner Luftkompressor gekuppelt werden, der dazu dient, durch ein gemeinsames
Verbindungsrohr in die einzelnen Windkessel während des Betriebes
Luft nachzufüllen. Die Turbinenfirmen vermeiden die mögliche Erschöpfung des Luftinhaltes der Windkessel dadurch, daß sie die Ölpumpen durch Schnüffel- oder Wechselventile auch etwas Luft mit
ansaugen lassen, welche sich dann in den Windkesseln absondert.

Damit die oben beschriebenen Hilfs- und Reservemaschinen stets
betriebsbereit sind, ist es natürlich notwendig, die Hausturbine — wenn
auch unbelastet — ohne Unterbrechung in Betrieb zu halten. Mit Rücksicht auf die außerordentliche Wichtigkeit des Hausaggregates wird es
sich empfehlen, durch Aufstellung einer zweiten Hausturbine eine
100prozentige Reserve zu schaffen. Die Reserveturbine wird dann bei
Defekten oder während Überholungsarbeiten an dem Hausmaschinensatz den Betrieb übernehmen.

Für Kraftwerke, in denen z. B. zwei Maschinengruppen ähnlich
Abb. 15 erst über das Netz parallel arbeiten oder gar nicht parallel
geschaltet ganz getrennte Gebiete versorgen, läßt sich eine Sicherstellung der Drucköversorgung auch auf andere Weise erreichen, so
daß eine zweite Hausturbine unter Umständen entbehrt werden kann.
Werden in einem solchen Kraftwerk geteilte Haustransformatorschienen
vorgesehen und über besondere Transformatoren an beide Maschinengruppen angeschlossen und wird die Eigenbedarfsverteilung ebenso wie
die Hauptanlage in zwei getrennten Gruppen geführt, so kann eine
sichere Ölversorgung auch dadurch erreicht werden, daß man die Wind-

kessel der Turbinenregler beider Maschinengruppen durch eine gemeinsame Drucköllleitung verbindet. Die einzelnen Reglerpumpen müssen
dann so bemessen werden, daß jede Pumpe mehrere Regler versorgen
kann. Bei Ausfall der Reglerpumpen der einen Gruppe durch Störungen
in dem zugehörigen Netz ist die Ölversorgung dieser Maschinengruppe
durch die Reglerpumpen der anderen Turbinen gewährleistet. In den
Hausverteilungsanlagen müssen natürlich besondere Vorsichtsmaßregeln
getroffen werden, damit durch unbefugte Schaltungen die getrennt
geführten Maschinengruppen nicht zusammengeschaltet werden.

Abb. 81. Hilfskraftanlage des Walchenseewerkes. 2 Drehstromerzeuger von 350 bzw.
750 kVA, 220/380 Volt und 50 Perioden, direkt gekuppelt mit 2 Peltonturbinen von
450 bzw. 850 PS-Leistung.

Für solche Kraftwerke ist auch eine Überkreuzversorgung der Hilfsbetriebe der verschiedenen Maschinengruppen empfohlen worden, es
ergeben sich dabei aber große Nachteile. Es müssen beide Schienen
der Hausverteilung unter Spannung gehalten werden, und in den vielen
Abzweigen von der Hausschiene sind sehr leicht Fehlschaltungen,
die zu sehr schweren Störungen führen können, möglich. Alle Anordnungen, die die Übersichtlichkeit der Schaltung des Hausnetzes ungünstig beeinflussen, sollten im Interesse der Betriebssicherheit und
Betriebsbereitschaft des Kraftwerkes vermieden werden.

Die Aufstellung einer Reservehausturbine wird aber nicht zu umgehen sein, wenn die Hauptgeneratoren nicht mit direkt gekuppelten
Erregermaschinen, sondern mit besonderen Erregerumformern aus

gerüstet sind. Die Drehstrommotoren dieser Erregerumformer dürfen dann nicht an die über Haustransformatoren mit der Hauptanlage verbundenen Eigenbedarfsschienen des Werkes angeschlossen werden, weil die Motoren bei Störungen in der Hauptanlage stehenbleiben könnten, sondern müssen durch besondere, von der Hauptanlage unabhängige Hausgeneratoren gespeist werden. Um die Erregung der Generatoren bei allen Betriebsvorkommnissen sicherzustellen, sollte in solchen Kraftwerken stets eine zweite Reservehausturbine aufgestellt werden.

Abb. 81 zeigt die Hausturbinen des Walchensee-Kraftwerkes von

Abb. 82. Drucköllpumpengruppe mit Windkessel für das Kraftwerk Yomikaki in Japan.
(Escher, Wyß & Co.)

350 bzw. 750 kVA, 220/380 V, direkt gekuppelt mit 2 Peltonturbinen von 450 bzw. 850 PS-Leistung, die den gesamten Eigenbedarf des Werkes versorgen[1]).

Eine andere, von der Firma Escher Wyß & Cie für die Zentrale Yomikaki (Japan) gelieferte Anordnung zeigt Abb. 82. In der Mitte der Pumpengruppe ist eine kleine Hochdruckturbine eingebaut, welche beim Anlassen der Hauptmaschinensätze die links und rechts angeordneten Zahnradpumpen antreibt. Ist der zugehörige Hauptgenerator eingeschaltet, so erhalten die im Bilde sichtbaren Elektromotoren Strom von der Eigenbedarfsschiene und übernehmen den Antrieb der Zahnradpumpen über das gleiche Reduktionsgetriebe.

---

[1]) Aus: Menge: Das Bayernwerk und seine Kraftquellen. Berlin: Julius Springer 1925.

Eine solche Hilfsturbine kann auch so gesteuert werden, daß sie bei Stillstand der von der Hausanlage gespeisten Elektromotoren sofort die Drucköversorgung übernimmt.

Die „Niagara Falls Power Company" hat für die Versorgung des Eigenbedarfes der 65000 kVA-Wasserturbinengeneratoren, welche in Abb. 83 im Schnitt dargestellt

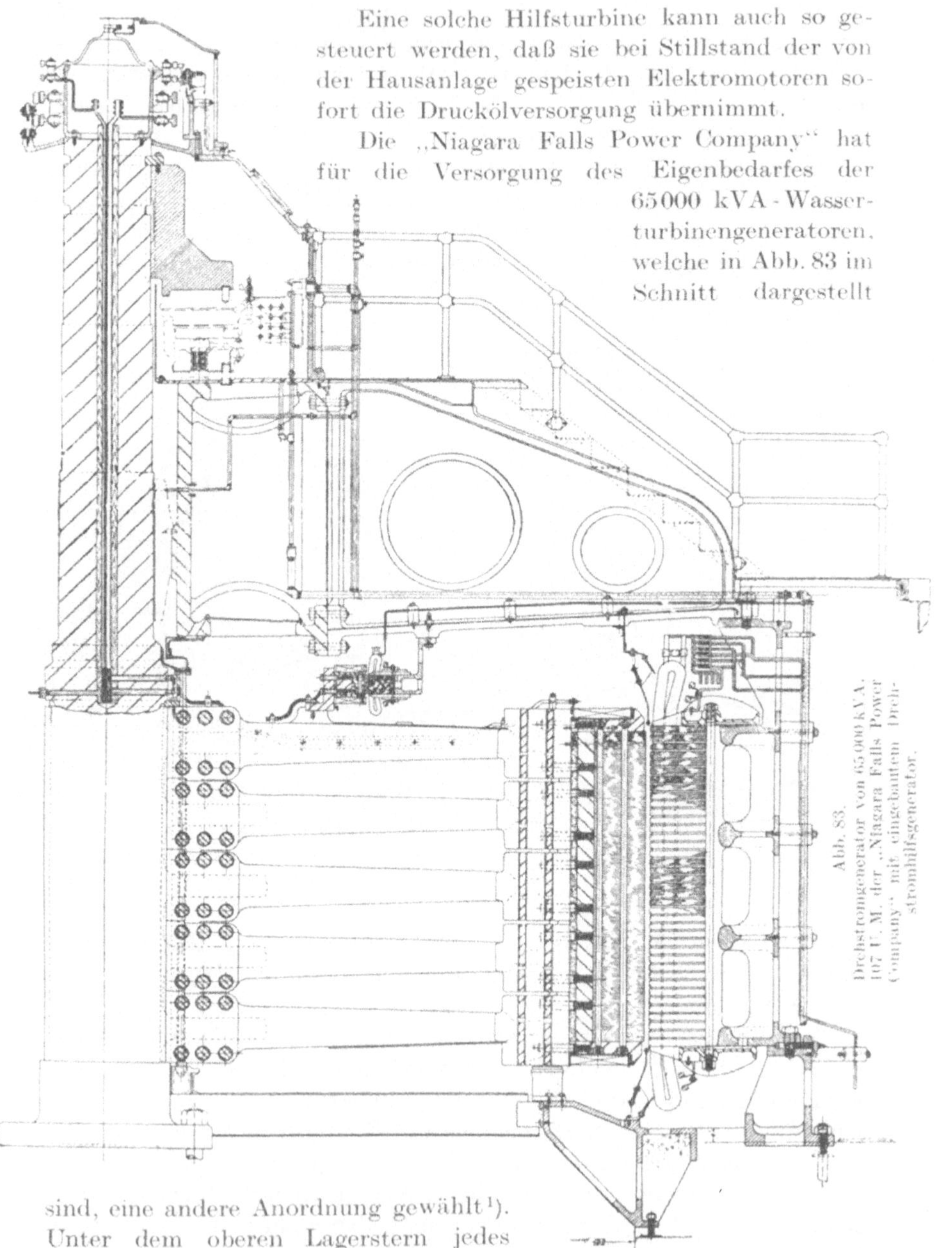

Abb. 83. Drehstromgenerator von 65000 kVA, 107 U/M. der „Niagara Falls Power Company" mit eingebautem Drehstromhilfsgenerator.

sind, eine andere Anordnung gewählt[1]).
Unter dem oberen Lagerstern jedes
Generators ist ein kleiner Drehstromhilfsgenerator von 650 kVA,

[1]) ETZ. 1925, S. 89.

2200 V eingebaut, dessen Magnetradkranz mit den oberen Tragarmen des Hauptgenerators verschraubt ist. Dieser Hilfsgenerator liefert den Strom für den Erregerumformer und die anderen Hilfsbetriebe. Jede Turbine hat also ihren eigenen Hilfsgenerator, welcher die Stromversorgung der zu dem Hauptmaschinensatz gehörenden Hilfsbetriebe vollkommen unabhängig von den Betriebsvorkommnissen in der Hauptanlage sicherstellt.

Bei Generatoren, bei denen der Einbau eines Hilfsgenerators unter dem oberen Lagerstern wegen Raummangel oder Behinderung der Lüftung nicht möglich ist, kann der Hilfsgenerator mit seiner Erregermaschine auch über dem Lagerstern angeordnet werden.

In Kraftwerken, in denen die Hauptgeneratoren mit Hilfsgeneratoren direkt gekuppelt sind, muß aber doch noch eine kleine Hausturbine zur Erzeugung des zur Inbetriebsetzung des Kraftwerkes notwendigen Drucköles vorgesehen werden, es sei denn, daß für die Hausanlage durch Parallelbetrieb mit anderen Werken Fremdstrom jederzeit zur Verfügung steht. In der Regel zieht man es aber vor, das Kraftwerk durch Aufstellung eines Anlaßaggregates mit einer kleinen Hausturbine oder einem Benzinmotor vom Fremdstrom ganz unabhängig zu machen.

Die oben gegebenen Ausführungsbeispiele umfassen nur eine Auslese der für die Sicherstellung des Betriebes möglichen Anordnungen. Besonders in Kraftwerken, in welchen für eine gemeinsame Erregung aller Generatoren besondere Erregerturbinen oder Reserveerregeraggregate aufgestellt werden, sind die verschiedensten Kombinationen zur Sicherstellung der Ölversorgung möglich. Auch das im Abschnitt Va über einen gemischten Drehstrom-Gleichstromhausbetrieb Gesagte kann sinngemäß auch für Wasserkraftwerke in Anwendung gebracht werden.

c) Sonstige Antriebe.

Bei den motorischen Antrieben in der Eigenbedarfsanlage eines Wasserkraftwerkes handelt es sich in erster Linie noch um die Antriebe der Kühlwasser- und Schmierölpumpen, der Wasserabsperrvorrichtungen wie Schützen, Absperrschieber, Drosselklappen, Windwerke und einiger anderer Vorrichtungen wie Rechenreinigungsmaschinen usw.

Der Betrieb der Kühlwasser- und Schmierölpumpen für die Turbinen- und Generatorlager muß von den Betriebsvorkommnissen der Hauptanlage vollkommen geschützt werden. Der mechanische Antrieb dieser Pumpen von der Turbinenwelle wird daher bei vertikalen Generatoren oft vorgezogen. Wenn motorischer Antrieb in Frage kommt, wird man mit Rücksicht auf die verhältnismäßig kleinen Antriebsleistungen, die diese Pumpen erfordern, Gleichstrommotoren wählen und diese an die Hausbatterie des Werkes anschließen. Ist die vorhandene Batterie aber zu klein, so kann auch ein Doppelantrieb mit Drehstrom- und Gleichstrommotor vorgesehen werden. Im normalen Betrieb läuft der Drehstrommotor, beim An- und Auslauf und bei Störungen der Drehstromversorgung übernimmt der Gleichstrommotor den Betrieb. In Kraftwerken, die mit unabhängigen Drehstromhausturbinen ausgerüstet sind, genügt ein Antrieb durch Drehstrommotor.

Die Absperrorgane erfordern bei großen Wasserkraftwerken wegen des hohen Wasserdruckes (Hochdruckanlagen) oder infolge ihrer erheblichen Abmessungen (Niederdruckanlagen) derartige Antriebskräfte, daß Handbetätigung allein nicht mehr ausreicht. Außerdem ergeben sich bei Anlagen mit Rohrleitungen auch mehr oder weniger große

Abb. 84. Wasserschloß des Kraftwerkes Toging des Innwerkes. (J. M. Voith.)

Entfernungen zwischen Wasserschloß und Maschinenhaus, die eine motorische Steuerung der Absperrorgane vom Maschinenhaus aus notwendig machen.

Bei der Planung der Hausanlage großer Wasserkraftwerke muß darauf geachtet werden, daß die Turbineneinlaufschützen unabhängig vom Betriebszustand der Hauptanlage jederzeit betätigt werden können. Die Schützen erhalten gewöhnlich motorischen Antrieb und können vom Krafthaus aus geschlossen, unter Umständen auch geöffnet werden. Die Schützen werden oft als Freifallschützen ausgeführt, so daß unter Ausschaltung des Zwischengetriebes eine sehr schnelle Schlußzeit erreicht wird. Sind Hausgeneratoren vorhanden, so werden die Schützenmotoren an die Hausanlage angeschlossen; die Betätigung der Einlaufschützen ist dann von dem Betriebszustand der Hauptanlage vollkommen unabhängig. Die Steuerungs- und Signalleitungen zwischen Maschinenhaus und Wasserschloß müssen bei Hochdruckanlagen so verlegt werden, daß die Leitungen auch bei Rohrbrüchen oder anderen Defekten nicht beschädigt oder stromlos können werden.

Die im Maschinenhaus oder im Reglerflur aufgestellten Kommandotafeln der einzelnen Turbinen erhalten neben den Anzeigevorrichtungen „Schützen auf" oder „Schützen zu" noch einen „Notknopf", mit welchem bei Störungen im mechanischen oder elektrischen Teil die Einlaufschütze des betreffenden Maschinensatzes unter gleichzeitiger Abschaltung (u. U. auch Entregung) des Generators sofort geschlossen werden kann.

Abb. 85. Drosselklappe mit elektrischem Antrieb für das Kraftwerk Omine in Japan. (J. M. Voith.)

Für die Auswahl der motorischen Antriebe und deren Anlaßapparate muß in erster Linie das Anfahrmoment der Motoren, die Notwendigkeit einer Fernsteuerung und in der Regel auch einer Umkehrung der Drehrichtung berücksichtigt werden. Da ein Festklemmen der Schützentafeln durch Treibzeug, eine Versandung oder Vereisung der Gleitstellen möglich ist, müssen die Antriebsmotoren in ihrer Leistung größer gewählt werden, als die Rechnung ergibt.

Angesichts der Mannigfaltigkeit der Konstruktionen, die bei den Einrichtungen eines modernen Wasserkraftwerkes zu finden sind, ist es nicht möglich, in dem gegebenen Rahmen auf Details einzugehen. Die Abb. 84 und 85 geben einen Einblick für die Abmessungen, die die Wasserabsperreinrichtungen bei großen Anlagen annehmen können.

Für eine einwandfreie und sichere Betriebsführung eines großen Niederdruckkraftwerkes kann unter Umständen auch die störungsfreie Stromversorgung der Wehranlage und des Einlaufbauwerkes eine Rolle spielen. Je nach der Länge des Werkkanals wird die Verteilungsanlage für die Schützenmotoren im Wehr noch an die Hausanlage des Kraftwerkes über Kabel angeschlossen werden können oder im Wehr eine Transformatorstation vorgesehen werden müssen. Diese Unterstation wird dann gewöhnlich durch eine besondere, längs des Werkkanals geführte Hochspannungsfreileitung mit dem Kraftwerk verbunden. Ist das betreffende Kraftwerk mit Hausturbinen ausgerüstet, so bleibt die Bedienung der Wehranlage auch bei vollkommener Stromlosigkeit der Hauptanlage des Kraftwerkes gewährleistet, indem die Schützenmotoren der Wehranlage durch die Kanalfreileitung Strom aus dem Hausgenerator des Kraftwerkes beziehen können.

Bei gegebenen Wasserverhältnissen kann es unter Umständen vorteilhaft sein, das Staugefälle der Wehranlage für ein im Wehrgebäude eingebautes kleines Nebenkraftwerk zur Stromversorgung der elektrischen Einrichtung der Wehranlage und evtl. noch vorhandener Pumpstationen auszunutzen. Die Bedienung der Schützen im Kanaleinlauf und Wehr ist dann vom Hauptkraftwerk vollkommen unabhängig. Die Anordnung eines solchen Hilfskraftwerkes wird sich namentlich dann empfehlen, wenn z. B. wegen der Fischerei eine bestimmte Wassermenge dauernd in das alte Flußbett abgelassen werden muß. Kraftwerke ohne besondere Hausturbinen werden sich durch ein solches Nebenkraftwerk eine sehr wertvolle Reserve schaffen können, da bei Störungen im Hauptkraftwerk dessen wichtigste Hilfsbetriebe über die Kanalleitung vom Nebenkraftwerk jederzeit Strom beziehen können.

Die mechanische Ausführung der Antriebsmotoren für die Absperrvorrichtungen im Wasserschloß, Wehr und Einlaufbauwerk ist vom Aufstellungsort der Motoren abhängig. Bei Aufstellung der Motoren in den Gebäuden des Wasserschlosses oder Wehres können ventiliert gekapselte oder geschlossene Motoren und bei Aufstellung im Freien nur geschlossene Motoren verwendet werden. Diese sind dann gewöhnlich mit den zugehörigen Anlaßapparaten in besondere Blechschutzkästen eingebaut.

Die Frage, ob für die Niederspannungs- und Hochspannungsverteilungen im Wasserschloß- und Wehrgebäude gekapseltes Material oder offene Verteilungen gewählt werden sollen, kann nicht in dem einen oder anderen Sinne beantwortet werden, da dies zu sehr von den örtlichen Verhältnissen abhängig ist. Für die Niederspannungsverteilung im Wasserschloß- und Wehrgebäude wird in der Regel gekapseltes Schaltmaterial verwendet. Werden diese Gebäude mit entsprechend großen Fenstern versehen und für gute Lüftung gesorgt, so können unter Umständen auch normale Verteilungsschalttafeln vorgesehen werden. Oft werden die Tafeln in den Wärterräumen aufgestellt. Ebenso kann auch die Schaltanlage für evtl. Hochspannungsanschlüsse und Transformatorenstationen unter gegebenen Verhältnissen in offener Zellenanordnung ausgeführt werden.

X. Elektrische Heizung in Kraftwerken.

a) Raumheizung durch Wärmespeicherung.

Die elektrische Raumheizung kann in wirtschaftlicher Weise nur gelöst werden, wenn billiger Strom zur Verfügung steht. Das letztere gilt namentlich für nicht speicherfähige Wasserkraftwerke, bei denen nachts bei geringer Belastung des Werkes ein Teil des Wassers unausgenutzt abgelassen werden muß. Der Strompreis der aus dem überschüssigen Wasser gewonnenen elektrischen Energie wird bei Nacht, entsprechend dem preisregelnden Moment von Angebot und Nachfrage, bedeutend niedriger sein können als bei Tage, so daß für die Konsumenten eines solchen Kraftwerkes die Vorbedingungen für eine weitgehende Einführung der elektrischen Speicherheizung gegeben sind. Aber auch viele staufähige Wasserkraftwerke werden die Wassermengen nicht immer im vollen Umfang zur Kraft- und Lichtversorgung verwenden können, so daß noch Überschußenergie zu einem niedrigen Preis für elektrische Speicherheizung abgegeben werden kann.

Da Elektrowärmegeräte mit Speichervorrichtung, im Gegensatz zu anderen Heizgeräten, die Wirtschaftlichkeit und die Belastungsverhältnisse der Elektrizitätswerke ganz bedeutend verbessern können, sind viele Wasserkraftwerke dazu übergegangen, durch entsprechende Tarifbildung die elektrische Speicherheizung bei den Konsumenten einzuführen. Bei der außerordentlichen Bedeutung der Wärmespeicherung sollten solche Kraftwerke im eigensten Interesse zu Werbezwecken in ihren Hausanlagen alle Möglichkeiten der Speicherheizung anwenden und als Musteranlagen ausführen.

Kohlenkraftwerke werden nur in wenigen Fällen nachts den Strom zu einem so niedrigen Preis liefern können, daß die elektrische Speicherheizung bei den Konsumenten in größerem Umfange angewendet werden könnte. Selbst bei Braunkohlenwerken, die mit sehr niedrigen Brennstoffkosten rechnen können, wird die elektrische Speicherheizung bei den Konsumenten aus ökonomischen Gründen nur auf besondere Fälle beschränkt bleiben. In Kohlenkraftwerken wird auch die Heizung der Betriebsräume billiger durch Abdampf erfolgen und die elektrische Heizung nur für die Schalthäuser und Transformatorenstationen in Frage kommen.

Die Aufspeicherung der elektrischen Leistung in Form von Wärme kann in erwärmten festen Massen wie Beton, Sand usw., sowie auch durch Wasser oder Dampf erfolgen.

1. Heizung mit festem Speichermaterial. In Kraftwerken müssen die Bedienungs- und Aufenthaltsräume, unter Umständen auch die Schalthäuser geheizt werden. Je nach dem Umfange der Heizungsanlage werden Heizungen mit festem Speichermaterial oder Warmwasserspeicheranlagen gewählt.

Für die Betätigungsräume und Schaltbühnen können Fußbodenheizungen verwendet werden, wobei durch Einbau der Heizkörper in den Fußboden jede räumliche Behinderung in Wegfall kommt. In den Fußböden werden in entsprechenden Betonkanälen blanke Heizleitungen mit

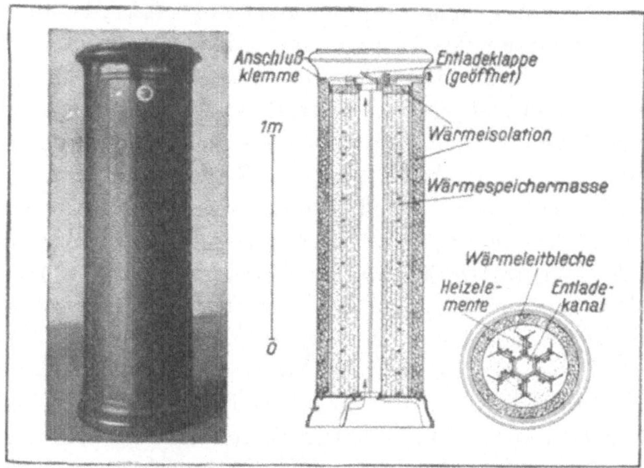

Abb. 86. Elektrischer Protos-Wärmespeicher.

großem Querschnitt verlegt, die von einem besonderen Transformator mit niedergespanntem Wechselstrom von z. B. 25 V gespeist werden. Es ergeben sich außerordentlich robuste Anlagen, die keinerlei Betriebsstörungen befürchten lassen. Als Speichermasse dient dabei die etwas stärker ausgeführte Betondecke des Bodens.

Für Raumheizungen werden besondere Wärmespeicheröfen aufgestellt. Ein elektrischer Wärmespeicherofen (s. Abb. 86) besteht aus einer elektrischen Heizeinrichtung, der Speichermasse und einer doppelten Blechummantelung, die mit einer hochwertigen Wärmeisolationsmasse gefüllt ist. Die in der Heizeinrichtung erzeugte Wärme wird gleichmäßig der Speichermasse, die in der Regel aus getrocknetem Sand besteht, zugeführt. Die Wärme wird durch einen Luftkanal abgegeben, der durch Klappe verschlossen werden kann (Durchzugofen).

Die Speicheröfen werden nachts aufgeladen, während dieser Zeit bleibt die Luftklappe geschlossen; frühmorgens wird der Ofen abgesetzt und die Luftklappe geöffnet. Die Luft geht dann durch den Ofen, reichert sich mit Wärme an und strömt durch einen mit Luftschlitzen versehenen Deckel des Ofens in den Raum. Durch Verstellen der Luftklappe kann die Wärmeabgabe des Speicherofens gedrosselt oder auch ganz unterbunden werden. Infolge der ausgezeichneten Wärmeisolation bleibt die Wärme in der Speichermasse lange Zeit erhalten und kann nach Bedarf entnommen werden.

Normalerweise werden fertige Öfen in der oben beschriebenen Ausführung für 110 oder 220 V geliefert. Es ist jedoch ohne weiteres möglich, an Stelle der Blechummantelung keramische Massen (Kacheln) zu verwenden, wobei die Heizeinrichtung und die Speichermasse die gleichen bleiben. Mit farbigen Kachelöfen lassen sich z. B. auch für die Heizung der Betätigungsräume und Schaltbühnen großer Kraftwerke sehr schöne architektonische Lösungen erzielen.

Bei der Bemessung der Öfen wird auf die gewünschte Anheizdauer Rücksicht genommen. In der Regel werden die Öfen durch 8 Stunden angeheizt (z. B. von 10 Uhr nachts bis 6 Uhr früh) und geben während der übrigen 16 Stunden die aufgespeicherte Wärme ab.

Abb. 87. Protos-Wärmespeicherofen für 1 kW.

Für kleinere Räume werden auch Wärmespeicheröfen in einfacherer Ausführung nach Abb. 87 für eine Leistungsaufnahme von etwa 1 kW verwendet.

Die Wärmespeicher mit festen Speichermassen haben den anderen gegenüber den Vorzug billigerer Herstellung und Entfalles jeglicher Wartung.

2. Warmwasserspeicheranlagen. Die elektrische Warmwasserspeicherheizung wird namentlich für solche Kraftwerke in Frage kommen, in denen neben der Schaltbühne und den Aufenthaltsräumen auch noch Schalthäuser, Werkstätten, Bureauräume und die Wohnungen des Kraftwerkspersonals geheizt werden sollen. In irgendeinem Kellerraum des Kraftwerkes werden dann die mit einer guten Wärmeisolierung versehenen Heißwasserspeicherkessel aufgestellt und das Wasser durch sog. Elektrodenkessel (Durchlauferhitzer), die unmittelbar an Hochspannung von z. B. 3—10000 V angeschlossen werden können, erwärmt. Die Leistungsaufnahme der Durchlauferhitzer kann durch Verstellen der Elektroden in weitestgehendem Maße geregelt werden.

Das Aufladen der Speicher, d. h. das Erwärmen des Wasserinhaltes geht in der Weise vor sich, daß durch eine Kreiselpumpe das Wasser aus der Unterseite des Speichers abgesaugt und über den Durchlauferhitzer wieder in den oberen Teil des Speicherkessels hineingedrückt wird.

Die eigentlichen Heizleitungen werden wie bei jeder anderen Warmwasserheizung an den Speicherkessel angeschlossen und zu Heizkörpern geführt, die je nach dem Wärmeerfordernis mit Warmwasser von

Abb. 88.   Durchlauferhitzer und Ventilschaltstelle einer elektrischen
Speicherheizung.

40—90^0 versorgt werden. Die Temperatur des Heizwassers wird im Heizraum durch ein besonders einstellbares Ventil geregelt, welches dem Heizwasser eine bestimmte Menge Wasser, das abgekühlt zurückkommt, beimischt. Bei solchen elektrischen Heizanlagen werden entsprechende Vorkehrungen gegen unzulässige Druck- und Dampfbildungen vorgesehen, welche dann gewöhnlich die Durchlauferhitzer vom Netz abschalten.

Abb. 88 zeigt die Anordnung einer elektrischen Heizanlage in einem Elektrizitätswerk. Im Vordergrund links steht ein Durchlauferhitzer, und in der Mitte sind an einer Stelle übersichtlich alle Ventile vereinigt, mit denen die gewünschten Speicher- oder Heizschaltungen vorgenommen werden können.

b) Rechenheizung in Wasserkraftwerken.

Die elektrische Heizung wird in Wasserkraftwerken oft auch zur Erwärmung der Rechenanlagen angewendet.

Erfahrungsgemäß haben viele Wasserkraftwerke sehr unter Eisschwierigkeiten zu leiden, und zwar sind es weniger die unter Umständen sehr großen Treibeismengen, die die unangenehmen Störungen verursachen, als vielmehr die kleinen feinen Eisnadeln, die sich bei Wassertemperaturen in unmittelbarer Nähe des Gefrierpunktes bilden. Da Treibeis an der Oberfläche des Wassers schwimmt, so können zur Ableitung des Eises entsprechende bauliche Einrichtungen getroffen werden. Die Eisnadeln aber, die sich an seichten Stellen im Oberlauf des Flußes bilden und in allen Tiefenlagen weiterschwimmen, können unter Umständen in solchen Mengen in den Werkkanal geschwemmt werden, daß sie eine dicke Schicht bilden und so auch den untersten Teil des Rechens verlegen.

Die Eisnadeln sind gewöhnlich nur 15—20 mm lang und 1—2 mm stark und haben die Eigenschaft, aneinander und an Gegenständen ungefähr gleicher Temperatur (Eisenteilen) festzukleben. Da die Rechenstäbe noch ein Stück über die Wasseroberfläche hinausragen, werden sie durch die unter Umständen niedrigere Lufttemperatur oft noch etwas kälter als das Wasser, wodurch das Festsetzen der Eisnadeln im oberen Teil des Rechens einsetzt und dann schnell weiterschreitet. Die Folge ist, daß der Wasserspiegel hinter dem Rechen sinkt und der Rechen von rückwärts noch stärker der Abkühlung ausgesetzt wird und festfriert. Durch den sich dann ergebenden einseitigen Wasserdruck werden die nachkommenden Nadeln vor dem Rechen so zusammengepreßt, daß sich unter Umständen die ganze Rechenanlage verstopft. Die Wasserzufuhr zu den Turbinen hört auf, und die Rechenanlage kann unter Umständen sogar eingedrückt werden.

Trotzdem die Eisnadelbildung nur an wenigen Tagen des Jahres auftritt, sind manche Kraftwerke gezwungen, besondere Vorkehrungen zu treffen, da die vorhandenen mechanischen Rechenreinigungsmaschinen bei großen Anschwemmungen solcher Nadeln nicht in der Lage sind, die Rechenanlage frei zu halten.

In Kraftwerken, die unter Eisnadelanschwemmungen sehr zu leiden haben, verwendet man zur Freihaltung der Rechenanlage mit bestem Erfolge die Anwärmung der Rechenstäbe. Es ist festgestellt worden, daß bereits eine sehr geringe Anwärmung der Rechenstäbe ein Festkleben der Eisnadeln vollkommen verhindert und diese dann durch den Rechen und die Turbinen durchgehen.

In manchen Kraftwerken wird die Abluft der Generatoren unter Zwischenschaltung besonderer Zusatzlüfter unter das Rechenpodium geleitet und dadurch der ganzen Rechenanlage Wärme zugeführt. Andere Kraftwerke, die mit Warmwasserspeicheranlagen ausgerüstet sind, oder Industriewerke, die in ihrem Betrieb noch Dampferzeugungsanlagen besitzen, können vor die Rechenstäbe Rohrleitungen legen, aus welchen warmes Wasser auf die Rechenstäbe tropft. Die geringe Erwärmung der Stäbe genügt bereits, um eine Vereisung des Rechens zu verhindern.

In Norwegen wird mit bestem Erfolge die elektrische Rechenheizung angewendet. Herr Direktor A. Ruths[1]) berichtet über die Erfahrungen mit elektrischen Rechenheizungsanlagen in sieben verschiedenen norwegischen Kraftwerken. In einer übersichtlichen Tabelle ist der Energieverbrauch, die Schaltung, die Stromstärke usw. für die ausgeführten Rechenanlagen zusammengestellt. Für eine 6000 PS-Turbine mit einem Wasserverbrauch von etwa 35 cbm/sec. beträgt z. B. der Energieverbrauch für die Rechenheizung etwa 5—6 kW pro Kubikmeter Wasser, das sekundlich mit einer Geschwindigkeit von 0,6 m/sec. durch den Rechen geht. Die Rechenstäbe eines Feldes sind in Gruppen hintereinander geschaltet und an Wechselstrom 220 V gelegt.

Da als Isolation gewöhnlich nur Eichenholzrahmen, die gleichzeitig zur Befestigung der Stäbe dienen, verwendet werden, sind die Anlagekosten für solche Rechenheizungsanlagen sehr gering. Bei der Beurteilung des Energieverbrauches darf nicht vergessen werden, daß die Rechenheizung nur wenige Tage im Jahre in Betrieb ist.

In Kraftwerken, die mit spaltlosen Propeller- und Kaplanturbinen ausgerüstet sind, werden sehr feine Rechen überflüssig und durch gröbere ersetzt, so daß mit der ständig zunehmenden Anwendung dieser Turbinen auch die Eisschwierigkeiten in den Rechenanlagen solcher Kraftwerke etwas in den Hintergrund treten. Bei besonders ungünstigen Eisverhältnissen kann es unter Umständen aber doch notwendig werden, auch Grobrechenanlagen zu heizen.

XI. Allgemeines, Montage, Wartung.

Aus vorstehenden Ausführungen ist zu sehen, daß in einer unsachgemäß entworfenen Hausanlage sehr viele Störungsursachen liegen können, und daß die Hausanlage für die Betriebssicherheit des gesamten Kraftwerkes bzw. für eine ungestörte Stromversorgung der Konsumenten

---

[1]) Elektroteknisk Tidsskrift, Heft 22, 23, 24, August 1925.

von außerordentlich hohem Einfluß ist. Auffallend ist aber, welches verhältnismäßig geringe Interesse oft in Kraftwerken der Hausanlage entgegengebracht und diese — weil Nebenbetrieb — vielfach auch als Betrieb zweiter Klasse angesehen wird.

Bei Erweiterung bestehender Kraftwerke, z. B. bei Aufstellung neuer größerer Maschinensätze oder Zusammenschluß mit anderen Werken kann beobachtet werden, daß wohl die Hauptanlage den auftretenden größeren Beanspruchungen angepaßt, die Hausanlage aber in dem alten, den höheren Beanspruchungen nicht gewachsenen Zustand belassen wird. Meistens sind Ersparnisgründe die Ursache für derartige Unterlassungssünden.

Vielfach wird bereits bei der Projektierung neuer Werke der elektrische Teil der Hausanlage nicht genügend durchgearbeitet und veranschlagt, so daß für den Bau der Hausanlage nicht die erforderlichen Geldmittel und Räume für eine sachgemäße Ausführung zur Verfügung stehen.

Eine zweckmäßig ausgebaute Hausanlage wird auch die Gesamtwirtschaftlichkeit eines Kraft-

Abb. 89. „Kabelverlegung" in einem Kondensationskeller.

werkes schon merklich beeinflussen, und Ersparnisse, die an anderen Stellen des Betriebes mit hohem Kostenaufwand erkauft werden müssen, können durch richtige Planung und Ausführung des elektrischen Teiles der Hausanlage billiger erreicht werden.

Für die Betriebssicherheit und Betriebsbereitschaft der Hausanlage ist neben der genauen Bearbeitung bei der Planung auch eine zweckmäßige Anordnung und sorgfältige Montage von außerordentlich hohem Einfluß. Die Elektromotoren und Unterverteilungen der Hausanlage werden vielfach in schwer zugänglichen, ungenügend großen, oft noch dunklen Räumen zur Aufstellung gebracht. Dabei ist die Ausführung manchmal in einem Zustande, wie ihn das Kraftwerk bei seinen Abnehmern kaum dulden würde (Abb. 89). Die Ursache ist meistens darin zu suchen, daß — wie schon früher gesagt — zu wenig Geld, zu wenig Raum und zu wenig Bauzeit zur Verfügung standen.

Das Bayernwerk und seine Kraftquellen. Von Dipl.-Ing. **A. Menge,**
München. Mit 188 Abbildungen im Text und 3 Tafeln. VIII, 104 Seiten.
1925. RM 6.—

Deutschlands Großkraftversorgung. Von Dr. **Gerhard Dehne.** Mit
44 Abbildungen. VI, 99 Seiten. 1925. RM 6.—; gebunden RM 7.—

Veröffentlichungen der Mittlere Isar A.-G., München.
Heft 2: **Die maschinellen und elektrischen Einrichtungen des ersten Aus-
baus der Wasserkraftanlagen der Mittlere Isar A.-G.** (Erweiterter Sonder-
abdruck der Arbeit „Die Großwasserkraftanlagen der Mittlere Isar A.-G."
von Dr.-Ing. **H. Schunck,** München, aus der „Elektrotechnischen Zeitschrift", 47. Jahrg. 1926, Heft 18, 22, 26 und 27.) Mit 39 Textabbildungen.
30 Seiten. 1926. RM 2.—

Ⓦ **Österreichs Energiewirtschaft.** Auf Veranlassung des Wasser-
wirtschaftsverbandes der österreichischen Industrie in Verbindung mit
Ing. P. Dittes, Ing. H. Grengg, Ing. L. Kallir, Ing. Dr. O. v. Keil
Eichenthurn, Dr. G. Pokorny, Dr. E. Wiglitzky, herausgegeben
von Ing. Dr. **J. Ornig.** Mit 21 Abbildungen im Text, sowie 2 farbigen
Karten, 32 Tabellen und 3 Tafeln. X, 285 Seiten. 1927. Gebunden RM 36.—

Regelung und Ausgleich in Dampfanlagen. Einfluß von Belastungsschwankungen auf Dampfverbraucher und Kesselanlage sowie
Wirkungsweise und theoretische Grundlagen der Regelvorrichtungen von
Dampfnetzen, Feuerungen und Wärmespeichern. Von **Th. Stein.** Mit
240 Textabbildungen. VIII, 390 Seiten. 1926. Gebunden RM 30.—

Wahl, Projektierung und Betrieb von Kraftanlagen. Ein
Hilfsbuch für Ingenieure, Betriebsleiter, Fabrikbesitzer. Von Dipl.-Ing.
Friedrich Barth. Vierte, umgearbeitete und erweiterte Auflage. Mit 161
Figuren im Text und auf 3 Tafeln. XII, 525 Seiten. 1925. Gebunden RM 16.—

**Brand-Seufert, Technische Untersuchungsmethoden zur
Betriebsüberwachung,** insbesondere zur Überwachung des Dampf-
betriebes. Zugleich ein Leitfaden für Maschinenbaulaboratorien tech-
nischer Lehranstalten. Neu herausgegeben von Dipl.-Ing. **Franz Seufert,**
Oberingenieur für Wärmewirtschaft. Fünfte, verbesserte und erweiterte
Auflage. Mit 334 Abbildungen, einer lithographischen Tafel und vielen
Zahlentafeln. X, 430 Seiten. 1926. Gebunden RM 29.40

Die Leistungssteigerung von Großdampfkesseln. Eine Untersuchung über die Verbesserung von Leistung und Wirtschaftlichkeit und
über neuere Bestrebungen im Dampfkesselbau. Von Dr.-Ing. **Friedrich
Münzinger.** Mit 173 Textabbildungen. X, 164 Seiten. 1922. Gebunden RM 6.—

Amerikanische und deutsche Großdampfkessel. Eine Untersuchung über den Stand und die neueren Bestrebungen des amerikani-
schen und deutschen Großdampfkesselwesens und über die Speicherung
von Arbeit mittels heißen Wassers. Von Dr.-Ing. **Friedrich Münzinger.**
Mit 181 Textabbildungen. VI, 178 Seiten. 1923. RM 6.—